역량강화를 위한

몸매관리

개정판

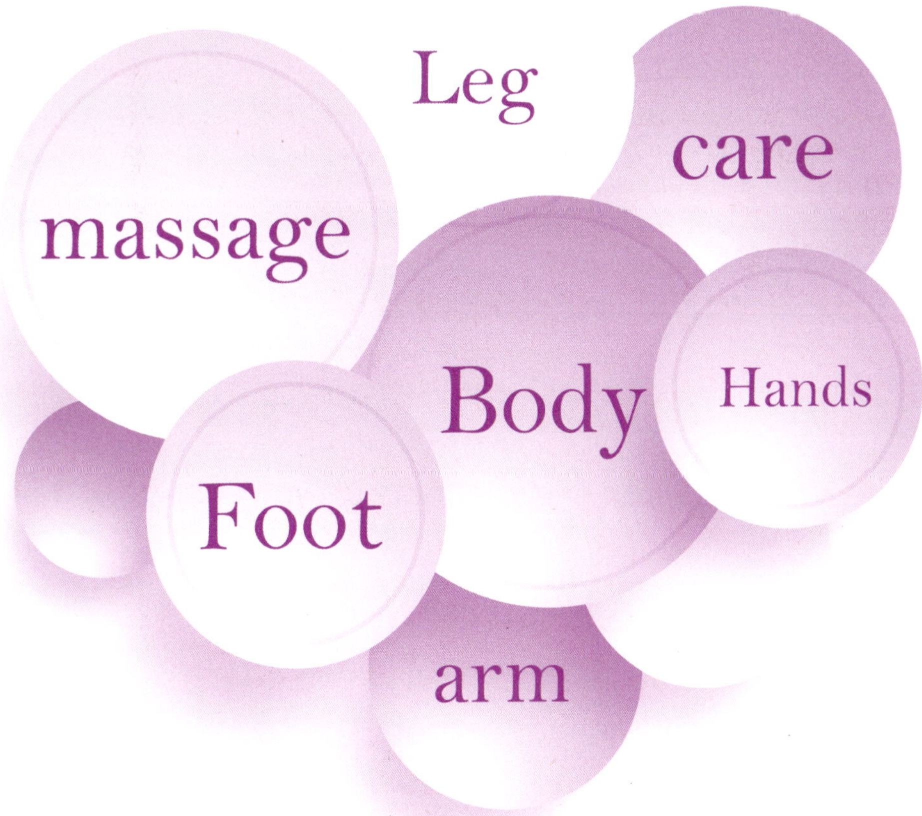

메디시인

머 리 말

이 책은 2015년 고용노동부와 한국산업인력공단이 발표한 새로운 NCS 국가직무능력표준을 기반으로 집필되었다가 2021년 10월 교육역량강화를 위한 내용으로 보완하여 새판으로 발간하였습니다.

산업현장에서 필요한 직무에 맞춘 전문적이고 수준별로 구분된 능력단위에 따른 세부적 내용에 중점을 두었으며, 수업과정 중 필요한 첨부서류 및 학습자 수행에 필요한 자료를 첨부하여 제작했습니다.

따라서 능력단위요소에 따른 수행준거, 지식, 기술, 태도, 고려사항, 자료 및 관련서류, 장비 및 도구, 평가지침, 평가 시 고려사항 등을 매 능력단위요소의 필요사항에 따라 각 목차별로 배정하여 기술하였으며, 이를 지침으로 수업진행 시 학습자의 편의를 위한 도표, 그림, 각각의 수행에 따른 결과물을 함께 수록할 수 있도록 편집했습니다.

본 교재가 NCS 국가직무능력을 기반으로 한 몸매관리과정을 배우고자 하는 학생들에게 보탬이 되었으면 하는 마음 간절합니다.

끝으로 이 책이 출판되기까지 많은 도움을 주신 메디시언 사장님을 비롯한 담당자 분들에게 감사를 드립니다.

임인년 새 봄에

필자 대표

차 례

Contents

차 례

Contents

차 례

Contents

Chapter 11 몸매 팩·마스크하기

Chapter 12 몸매관리 마무리하기

Chapter 1

몸매 분석하기

1. 현재 몸매상태를 파악
2. 선천적 몸매와 잘못된 습관에 의해 만들어진 몸매
3. 몸매 부위별 문제점과 부위별 체형에 대한 분류
4. 분석결과에 따라 전신관리 계획을 수립

Chapter 1

Management Body

Chapter 1 몸매 분석하기

1. 현재 몸매 상태 파악

(1) 몸매 분석 목적

① 고객의 현재 몸매 상태를 파악하는 것은 이상적인 몸매관리를 위한 필수적인 단계이다.
② 올바른 몸매관리를 위해서는 다양한 분석방법을 이해하고 이를 해석할 수 있어야 한다.
③ 고객의 현재 몸매 상태를 파악하는 것은 고객의 몸매 상태에 따른 적합한 관리방법을 찾기 위함이다.
④ 몸매 분석을 하는 것은 몸매관리 수행 시 문제 발생을 최소화 하고자 하며, 고객의 신뢰감과 만족도를 높이기 위함이다.
⑤ 고객에게 합리적이고 과학적인 프로그램을 제시할 수 있다.

(2) 몸매 분석 방법

① **문진법** : 고객에게 생활습관, 운동습관, 스트레스, 평상 시 기호습관, 질병유무 등 고객과 질의응답을 통해 몸매관리 시 문제의 원인을 파악하여 고객의 만족도를 높이고자 하는 방법이다.
② **촉진법** : 피부상태와 탄력도 및 기타 문제점을 고객의 피부를 촉진하면서 알아보는 방법이다.
③ **견진법** : 육안이나 기타 장비를 이용하여 피부를 판별하는 방법이다.
④ **장비를 이용한 분석법** : 고객의 정확한 과학적 데이터를 알아내기 위한 방법으로, 몸매 분석에 도움이 되는 많은 장비들이 나와 있으므로, 이 중 적합한 장비를 선택하여 몸매 분석 방법에 응용하도록 한다.

(3) 몸매 상태 파악

① 고객의 관리목적과 현재 몸매 상태를 파악하도록 한다.
② 고객 분석카드에 고객의 신상, 피부, 생활환경 등 상담을 통하여 고객카드에 작성한다.
③ 고객 신상카드에 고객의 과거 병력, 현 건강상태, 복용중인 약의 종류를 기록하며, 고객의 식습관, 다이어트 여부, 운동에 대해 기록한다.
④ 몸매 분석 방법을 통하여 고객의 현재 몸매 상태를 파악하여 고객카드에 기록하도록 한다.
⑤ 몸매 분석은 고객에게 맞는 최상의 관리방법을 적용하기 위해 몸 상태를 파악하여 문제점을 찾아내는 방법이다. (예 : 키, 몸무게, 자세결함, 피부상태(튼살, 상처, 닭살, 피부색), 정맥류, 탄력도, 지방축적도, 셀룰라이트 유무)
⑥ 고객의 몸매 상태에 따른 분석과 몸매관리 계획을 수립하는데 적합한 관리 방법을 도출할 수 있도록 한다.
⑦ 고객에게 홈케어 관리방법에 대한 조언과 홈케어 관리의 좋은 점을 관리카드에 기록한다.

2. 선천적 몸매와 잘못된 습관에 의해 만들어진 몸매

① 신체구조 및 장단점을 파악하여 몸매를 구분할 수 있다.
② 잘못된 습관에 의한 부위별 체형에 대해 분류할 수 있다.
③ 올바른 몸매를 위한 자세관리를 할 수 있다.
④ 아름다운 몸매와 피부를 위한 미용관리를 할 수 있다.

3. 몸매 부위별 문제점과 부위별 체형에 대한 분류

(1) 비만관리

표준체중(KG) = (현재 신장 cm−100)×0.9 / 비만도(%) = (현재체중/표준체중)×100

판 정	비만도	판 정	비만도
저체중	80 미만	경도 비만	120 이상 130 미만
경한 저체중	80 이상 90 미만	중등도 비만	130 이상 150 미만
정상체중	90 이상 100 미만	고도 비만	150 이상 200 미만
과체중	110 이상 120 미만	위험한 비만	200 이상

① **비만의 정의** : 소비 칼로리에 비해 섭취 칼로리가 높아서 체지방량이 과다하게 축적되는 상태를 말한다.

② 비만은 표준 체중의 20%를 초과하거나 신체질량지수가 25kg/m² 이상일 때를 말하며 비만 정도가 증가할수록 건강에 문제가 생길 위험성이 높아진다.

③ **비만의 원인** : 유전적 요인, 식습관, 심리적 요인, 환경적 요인, 내분비 요인, 대사 장애, 활동 부족 등 여러 요인의 복합작용이 있다.

④ 규칙적인 운동과 꾸준한 식습관 및 생활습관 개선이 필요하다.

⑤ 지방세포 증식형 비만과 지방세포 비대형 비만으로 나눌 수 있다.

⑥ **빠르게 걷기, 조깅, 수영, 자전거 등 유산소 운동** : 주 3~4회 이상, 30~60분씩 하도록 권유한다.

⑦ **비만에 응용되는 아로마 오일** : 그레이프프루트, 레몬, 로즈마리, 사이프러스, 라벤더, 쥬니퍼베리, 펜넬

(2) 셀룰라이트(Cellulite) 관리

① 셀룰라이트란 세포라는 의미의 Cell과 질환이라는 의미의 ite가 합해진 합성어로서 대사과정의 불균형으로 인해 지방의 일부가 섬유성 진피결합조직 사이로 돌출되어 울퉁불퉁해 보이는 현상이다.

② 대사과정에서 여러 가지 요인으로 인하여 노폐물과 독소 등이 배출되지 못하고 순환장애를 일으켜 발생한다.

③ 남성보다는 여성에게 발병 비율이 높다.

④ 피하조직 내 지방이 과다축적되어 진피층까지 밀고 올라와 피부를 울퉁불퉁하게 만드는 것을 말하며, 혈관을 누르게 되며 통증을 유발할 수도 있다.

⑤ **셀룰라이트 발생 원인**

- 혈액순환 및 림프순환 저하 : 꽉 끼는 옷, 하이힐 착용
- 탄수화물 과다 섭취 시 인슐린 분비량이 늘면서 지방생성 증가로 셀룰라이트 생성
- 평소 운동량 부족에 따른 지방축적이 쉽게 이루어질 시 셀룰라이트 생김
- 유전적 요인 및 호르몬의 불균형

⑥ **셀룰라이트 예방법**

- 혈액순환을 촉진시킨다.
- 충분한 수분섭취를 권유한다.
- 체중을 줄이도록 권유한다.
- 셀룰라이트 부위를 규칙적으로 마사지하도록 한다.

⑦ **셀룰라이트에 응용되는 아로마 오일 :** 사이프러스, 쥬니퍼베리, 레몬, 로즈마리, 펜넬, 제라늄

(3) 부종관리

① 부종은 정맥계의 문제로 발생하며, 정맥계에 압박이 있거나 지속적인 저항을 받게 되면 정체현상이 발생하여 혈액이 심장에 올라오지 못하고 그 자리에 머물게 된다.

② 림프계 손상이나 기능 이상에 의한 림프액 수송능력 저하 시 발생할 수 있다.

③ 림프관의 방해나 막힘을 초래하는 여러 원인에 의해 발생할 수 있다.

④ 림프 절제술에 의한 하지 림프부종 발생 시 하지 피부 관리를 필요로 한다.

⑤ 충분한 수분을 섭취하고 적절한 체중유지가 필요하다.

⑥ 걷기, 수영과 같은 규칙적인 근육운동은 부종 관리에 도움이 된다.

⑦ 충분한 호흡운동으로 림프의 흐름이 원활히 조절되도록 한다.

⑧ 자가 마사지를 배워 실행하거나, 규칙적인 관리를 받도록 한다.

⑨ 오랫동안 서 있거나, 앉아있는 것을 피한다. 15분 정도마다 다리 위치를 변경하고 회전운동을 하도록 한다.

⑩ 저지방, 고섬유질의 균형된 식이 요법을 병행하도록 권유한다.

⑪ **림프부종에 응용되는 아로마 오일 :** 캐롯시드, 사이프러스, 펜넬, 쥬니퍼베리, 제라늄, 그레이프프루트, 만다린, 오렌지, 타임, 진저

(4) 순환저하 관리

① 다리 혈액순환 문제 시 하지정맥류가 발생할 수 있다.

② 평소 생활습관이나 유전적 요인으로 판막의 기능이 저하되면서 심장으로 가야 할 혈액이 역류하면서 하지정맥류가 발생할 수 있다.

③ 종아리 뒤 구불구불한 혈관 등으로 판별이 가능하다.
④ 혈액순환 저하 시 다리 저림, 부종 등이 발생할 수 있다.
⑤ 수영, 공중자전거, 걷기, 조깅 등이 혈액순환에 도움을 준다.
⑥ 압박 스타킹 착용도 도움이 된다.
⑦ 규칙적인 운동을 통한 체중조절이 필요하다.
⑧ **혈액순환 저하에 응용되는 아로마 오일** : 레몬, 라벤더, 마조람, 멜리사, 일랑일랑, 세이지, 타임, 로즈마리, 아몬드

(5) 탄력 관리

① 노화의 원인으로 발생할 수 있다.
② 과도한 다이어트, 영양 불균형, 불규칙한 식생활 등으로 인하여 탄력이 저하될 수 있다.
③ 외적 요인으로 인하여 저하된 탄력은 지속적인 관리를 통하여 효과를 기대할 수 있다.
④ 규칙적인 보습 관리와 리프팅 관리가 필요하다.
⑤ 규칙적인 운동요법을 병행하도록 권유한다.
⑥ 근육량은 남자의 경우 몸무게의 40~46%, 여자의 경우 35~40% 정도이다.
⑦ 근육량은 25~30세 최고였다가 40세 이후부터 줄어들기 시작하는데 허리, 다리, 등, 하체 근육은 매년 1%씩 줄어든다.
⑧ 80세의 경우 30세보다 근육량이 절반으로 줄어들기 때문에 나이가 들수록 꾸준한 운동이 필요하다.
⑨ 근육운동을 꾸준히 실시하면 3개월 시 근육량 5~10% 증가하며, 근육운동은 아침에 하는 것이 보다 효과적이다.
⑩ **근육이완에 응용되는 아로마 오일** : 제라늄, 사이프러스, 레몬, 칼렌듈라, 윗점, 알몬드

4. 분석결과에 따라 몸매관리 계획 수립

(1) 심리적 안정감을 줄 수 있는 환경 조성

① 몸매관리를 위한 환경 조성으로 고객에게 심리적 안정감을 줄 수 있다.
② 몸매관리를 받는 동안 실습자는 스트레스가 과도하게 쌓여 있는 부분에서 휴식처의 역할을 할 수 있어야 한다.

③ 몸매관리를 받는 공간은 충분한 시각적인 편안함과 따뜻함, 온화한 분위기를 연출할 수 있도록 한다.
④ 고객이 편안한 이완 상태로 될 수 있는 잔잔한 음악을 틀고 고객이 선호하는 음악을 요청 시 편안한 분위기의 음악을 선곡하도록 한다.
⑤ 관리 후에 따뜻한 차를 준비하여, 관리효과를 증진하는데 도움이 되도록 계획한다.
⑥ 에센셜 오일(아로마)을 이용하거나, 향기 식물을 비치하여 후각적으로도 고객이 편안함을 느낄 수 있도록 조성한다.

(2) 일반적인 몸매관리 시 준비사항

① 관리실 내부 온도는 따뜻하게 유지하고 담요나 타올 등을 준비한다.
② 관리실 내 조명은 부드러우면서도 조도가 약한 간접 조명을 비치한다.
③ 관리 전·후 고객이 기댈 수 있는 적당한 크기의 방석이나 베개를 준비하여 쉴 수 있도록 한다.

(3) 분석결과 설명

고객과 충분한 상담을 통하여 분석결과에 따른 관리를 진행하는데 있어서 신뢰성을 구축하도록 한다.

(4) 분석결과에 따른 몸매관리 계획 설명

고객의 입장을 배려하는 마음을 갖고, 관리 전 고객에게 관리과정에 대해 충분히 설명하고 문제점에 대해서도 미리 검토한다.

(5) 고객 동의하에 몸매관리 실행계획을 설정

관리 시 고객의 불편함이나 문제점을 편안하게 이야기할 수 있도록 몸매관리 실행계획에 대해 사전에 알려 고객 동의하에 실행계획을 설정한다.

(6) 몸매관리 계획에 따른 관리방법 시행

1) 몸매관리 순서

① 몸매파악 및 분석표 작성하기
② 클렌징하기
③ 딥 클렌징하기
④ 신체 피부미용 전면·후면 매뉴얼 관리하기
⑤ 팩·마스크 하기
⑥ 몸매관리 마무리하기

2) 부위별 몸매관리 순서

① **몸매파악 및 분석표 작성하기** : 분석결과 몸매관리 계획 수립
② **클렌징하기** : 피부유형에 맞는 제품으로 클렌징 후 온습포나 냉습포를 사용하고 토너정리
③ **딥 클렌징하기** : 피부유형별 딥 클렌징 또는 미용기기를 활용한 딥 클렌징
④ **매뉴얼 테크닉하기** : 부위와 피부유형에 맞는 매뉴얼 테크닉
⑤ **팩·마스크하기** : 피부유형에 맞는 팩과 마스크를 선택하고 적용한 뒤 안전하게 제거하기
⑥ **마무리하기** : 토닉으로 피부정리 및 피부유형에 맞는 화장품류 도포, 피부 손질 후 가볍게 이완

3) 몸매 전면·후면 관리 부위

① 복부 관리하기
② 가슴 관리하기
③ 손·팔 관리하기
④ 발·다리 전면 관리하기
⑤ 등 관리하기
⑥ 둔부 관리하기
⑦ 발·다리 후면 관리하기

4) 몸매관리 방법

피부 관리에서 실시하는 몸매(바디)관리는 관리 목적에 따라 피부탄력 강화관리, 튼살 관리 등 순수한 몸매 **피부 관리 영역**과, 셀룰라이트 비만관리 등의 **체형관리**로 크게 분류한다.

5) 몸매 매뉴얼 테크닉

몸매 근육 순환계와 매뉴얼 테크닉은 림프계를 고려한 테크닉 방법으로 피부의 탄력관리와 튼살 관리 등에 응용된다.

등, 가슴, 복부, 팔, 다리, 둔부 등의 관리영역으로 구분되며 근육의 결과 방향에 따라 테크닉을 시행한다.

임신 중인 고객의 경우 가슴과 복부마사지 시 특히 유의하여 실시하여야 하며, 썬 번, 제모 후, 상처난 부위, 정맥류, 각종 피부질환이 있는 경우는 그 부위에 테크닉을 실시하지 않도록 한다.

① 아로마 마사지

아로마를 응용한 마사지로, 여러 가지 방법으로 추출한 정유를 사용하여 인체에 흡입, 흡수시킴으로써 육체적, 정신적인 자극을 조절히여 면역력을 향싱시키고 우리 몸의 건상 증신을 도모하며 피부의 노화 억제 및 피부미용에 효과적인 자연 미용법이다.

② 림프드레니지

- 결체조직의 노폐물과 과잉 수분을 제거하여 부종을 해결한다.
- 순환을 촉진시켜 혈관을 건강하게 하고 독소를 제거한다.
- 자율신경계의 작용을 균형있게 하며 통증을 가라앉히고 진정시켜 준다.
- 면역기능을 강화시켜 준다.

③ 한국형 마사지

- 인체의 '기'를 원활히 하기 위해 경락선을 긍정적으로 자극함으로써, 인체의 기관과 조직에 충분한 영양 대사를 촉진시켜 건강을 증진시킨다.
- 피부조직 내 영양공급 효과로 항 노화 작용을 하며, 근육의 운동 효과를 촉진한다.
- 호흡과 대사 작용을 촉진하며 소화계통과 순환계통의 촉진 효과가 있다.
- 시술자의 손을 통하여 고객의 인체가 좋아지기를 바라는 긍정적 마음의 '기'를 상대방에게 전달하고자 고객과 호흡을 함께 하며 마사지해야 시너지 효과를 볼 수 있다.

④ 스포츠 마사지

- 체내의 혈액순환과 림프액의 흐름을 증가시키고 근육조직을 부드럽게 해주며 근육의 경련을 풀어줌으로서 고통을 완화시키는 역할을 한다.
- 혈액순환 촉진 및 피부온도 상승효과가 있다.
- 신진대사를 원활하게 하고 체내의 노폐물을 제거함으로서 혈중 젖산 농도를 저하시키며, 근육 경련이나 강한 수축을 감소시킨다.
- 근육의 만성적, 고질적인 장애를 치료하는 데 도와준다.
- 근육의 피로를 감소시키며 이완 효과가 있다.

⑤ 스톤 테라피

- 퇴적작용과 화산작용을 통해 만들어진 다양한 크기의 현무암을 가공한 스톤과 다양한 아로마 오일을 이용하여 바디 트리트먼트하는 것을 말한다.
- 스톤 테라피는 고대부터 치료요법의 하나로 사용되어 왔으며 현대에도 대표적인 프로그램으로 사랑받고 있다.
- 핫 스톤(온열 돌)은 조직의 온도를 상승시켜 혈액순환을 촉진시키고, 세포의 활성화에 도움을 주며 근육을 풀어준다.
- 쿨 스톤(차가운 돌)은 염좌가 있거나 통증이 즉각적인 경우 사용하여 염증을 가라앉힌다. 부종이 심한 임산부의 다리 마사지나 텐닝 후, 충혈이 있을 때 많이 활용된다.

⑥ 아율베딕 마사지

- 인도의 아율베다 의학에 기초를 둔 마사지를 말한다.
- 대체의학의 한 종류로서 환경적 공해와 정신적 스트레스가 심한 현대인을 위한 전신관리로 아율베딕 오일을 이용한 건강 테라피의 일종이다.
- 체형관리 및 생기 & 활력 부여 효과, 체내 조절작용을 통한 밸런스 효과, 통증 완화 및 릴렉스 효과, 독소배출, 정화 효과 & 스트레스 해소, 질병을 예방·치료하는 효과가 있다.

⑦ 보석 컬러테라피

- 보석은 공명 에너지를 갖고 있어 인체의 '차크라' 라는 에너지 중심센터에 놓으면 스트레스를 완화시켜주고 부정적 에너지를 중화시키며, 과다하게 자극되고 긴장된 부위에 이완 효과가 있다.

- 충혈되고 과로한 육체에 릴렉스를 제공하며 정화시킨다.
- 몸과 영혼, 육체의 밸런스를 잡아준다.
- 인체에 긍정적 에너지를 흐르게 한다.
- 혈액순환과 신진대사의 기능을 높인다.
- 노폐물의 배출과 독소의 정화기능을 갖는다.

⑧ 스파테라피

- 다양한 물의 방법을 이용하여 혈액순환을 촉진시키는 마사지 방법으로 체내의 독소 배출 및 세포의 재생 효과를 부여하며 피로와 스트레스를 해소시키는 등 건강 증진 및 치료를 총칭하는 말이다.
- 물의 온열을 이용한 발열 효과, 찬물을 이용한 혈관강화 효과, 기계의 압력, 수압, 제트류를 이용한 대사기능 촉진 효과 등을 볼 수 있다.
- 생화학적 측면의 삼투압 효과로 인한 노폐물 및 탄력 증진 효과, 신경계의 긍정적 영향으로 수면 촉신 효과가 있다.

(7) 몸매관리 후 고객의 만족도 유무를 체크하여 다음 관리에 반영하도록 한다.

표 1-1 몸매관리 상담 카드

: 고객카드, 고객 바디 분석표, 관리 목적 및 계획, 홈케어 조언

<table>
<tr><td>번호</td><td></td><td>방문 날짜</td><td></td></tr>
<tr><td>고객번호/고객명</td><td></td><td>담당작성자</td><td></td></tr>
<tr><td>주소</td><td colspan="3"></td></tr>
<tr><td>전화번호</td><td></td><td>이메일 주소</td><td></td></tr>
<tr><td>생년월일</td><td></td><td>직업</td><td></td></tr>
<tr><td>고객정보</td><td colspan="3">병력, 복용약, 현재 식사법, 운동, 현재 사용제품, 전신관리 경험 :</td></tr>
<tr><td>관리목적</td><td colspan="3"></td></tr>
<tr><td colspan="4">고객 바디 분석표</td></tr>
<tr><td>관리계획</td><td colspan="3"></td></tr>
<tr><td>관리내용</td><td colspan="3"></td></tr>
<tr><td>관리시간</td><td colspan="3"></td></tr>
<tr><td>홈케어 조언</td><td colspan="3">운동조언, 식사조언, 제품추천 :</td></tr>
<tr><td>다음 관리 계획 날짜</td><td></td><td>고객확인 사인</td><td></td></tr>
</table>

표 1-2 몸매관리 실습 위생평가표

날 짜	실습용품 위생점검	개인 위생점검	정리대 위생점검	미용기기 및 베드	비 고

[실습 수행 평가표]

몸매파악하기 (1201010215_20v6.1), 몸매분석표 작성하기 (1201010215_20v6.2)

실습자명 :

영역	평가내용	평가				
		5	4	3	2	1
실습자	피부미용사의 위생상태, 복장, 용모, 청결 상태는?					
	모든 과정을 철저하게 위생적으로 시행했나?					
	각 제품의 주요성분과 관리목적을 파악했나?					
	피부유형에 따른 제품 선택이 적합한가?					
	고객에게 과정을 미리 설명하고 주의사항을 파악했나?					
	고객의 금속액세서리가 제거되었나?					
수행준거1.1	고객의 현재 몸매상태를 육안으로 파악할 수 있다.					
수행준거1.2	문진, 견진, 촉진을 통해 선천적 몸매와 잘못된 습관에 의해 만들어진 몸매를 구분할 수 있다.					
수행준거1.3	몸매 문제점을 파악하고 몸매의 특징을 분류할 수 있다.					
수행준거1.4	몸매관리 목적에 맞는 피부미용 기기와 기구 및 제품을 선택할 수 있다.					
수행준거2.1	문제된 몸매를 파악한 후 분석표를 작성할 수 있다.					
수행준거2.2	몸매부위의 사이즈를 잰 후 분석표를 작성할 수 있다.					
수행준거2.3	분석표 결과에 따라 평가하고 몸매별로 구분할 수 있다.					
수행준거2.4	몸매 분석카드를 작성후 관리프로그램을 계획할 수 있다					
태도	고객의 심리적 안정감을 주려는 태도					
	위생적으로 고객을 배려하려는 태도					
	고객의 반응을 살피려는 객관적인 태도					
기술	신체구조 및 장단점을 파악하는 능력					
	부위별 몸매에 대한 분류 능력					
	몸매관리 계획 수립 능력					
	분석결과에 따른 몸매구분 능력					

평가일		고객명	
평가자			

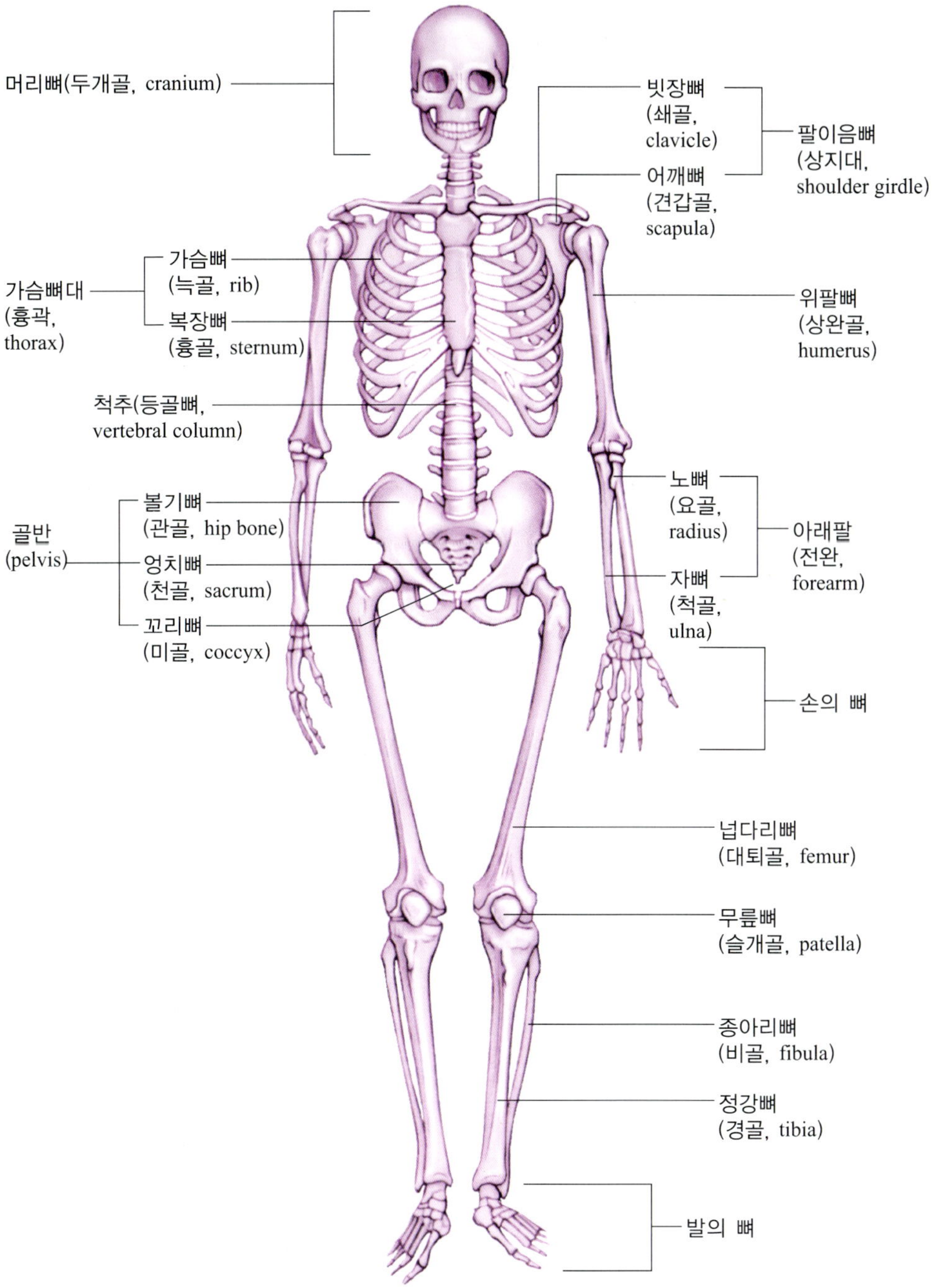

그림 1-1 몸매관리에 따른 전신 골격계(앞면)

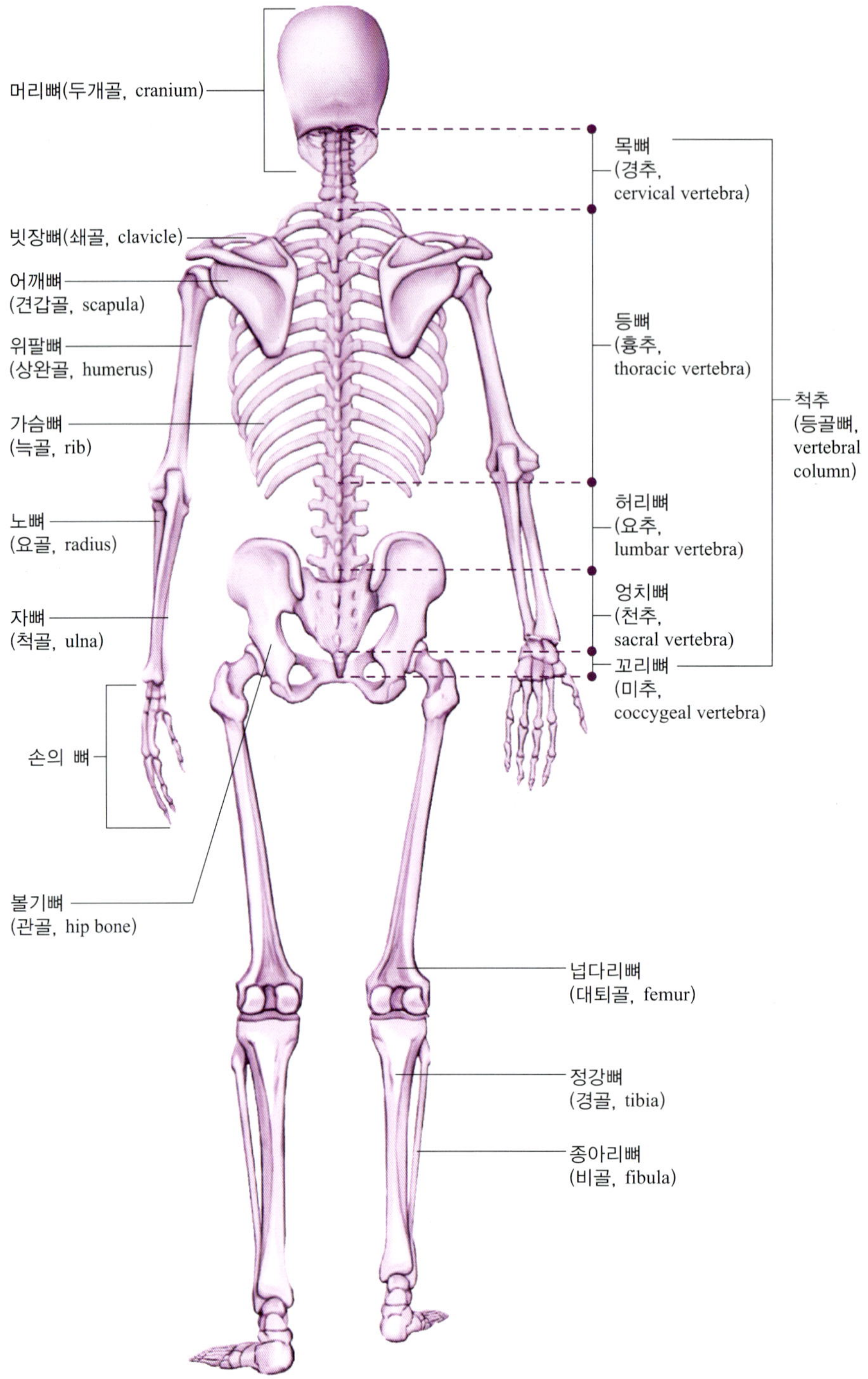

그림 1-2 몸매관리에 따른 전신 골격계(뒷면)

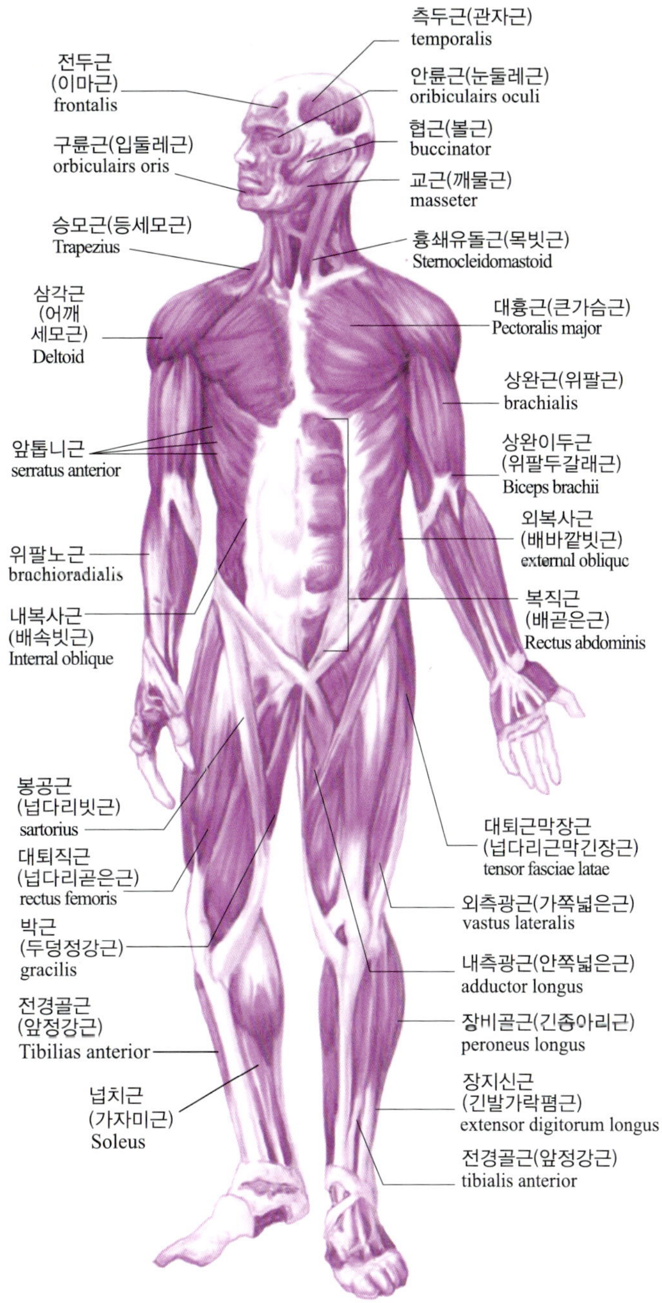

그림 1-3 몸매관리에 따른 전신 근육계(앞면)

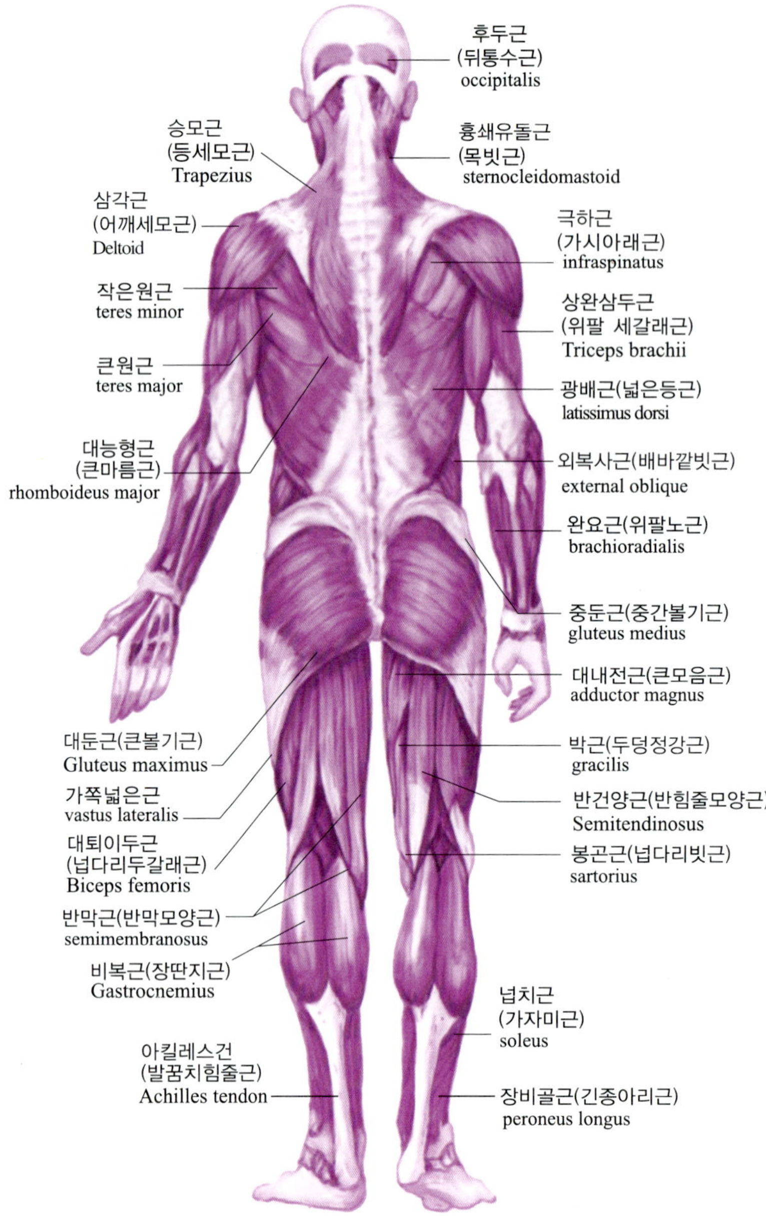

그림 1-4 몸매관리에 따른 전신 근육계 (뒷면)

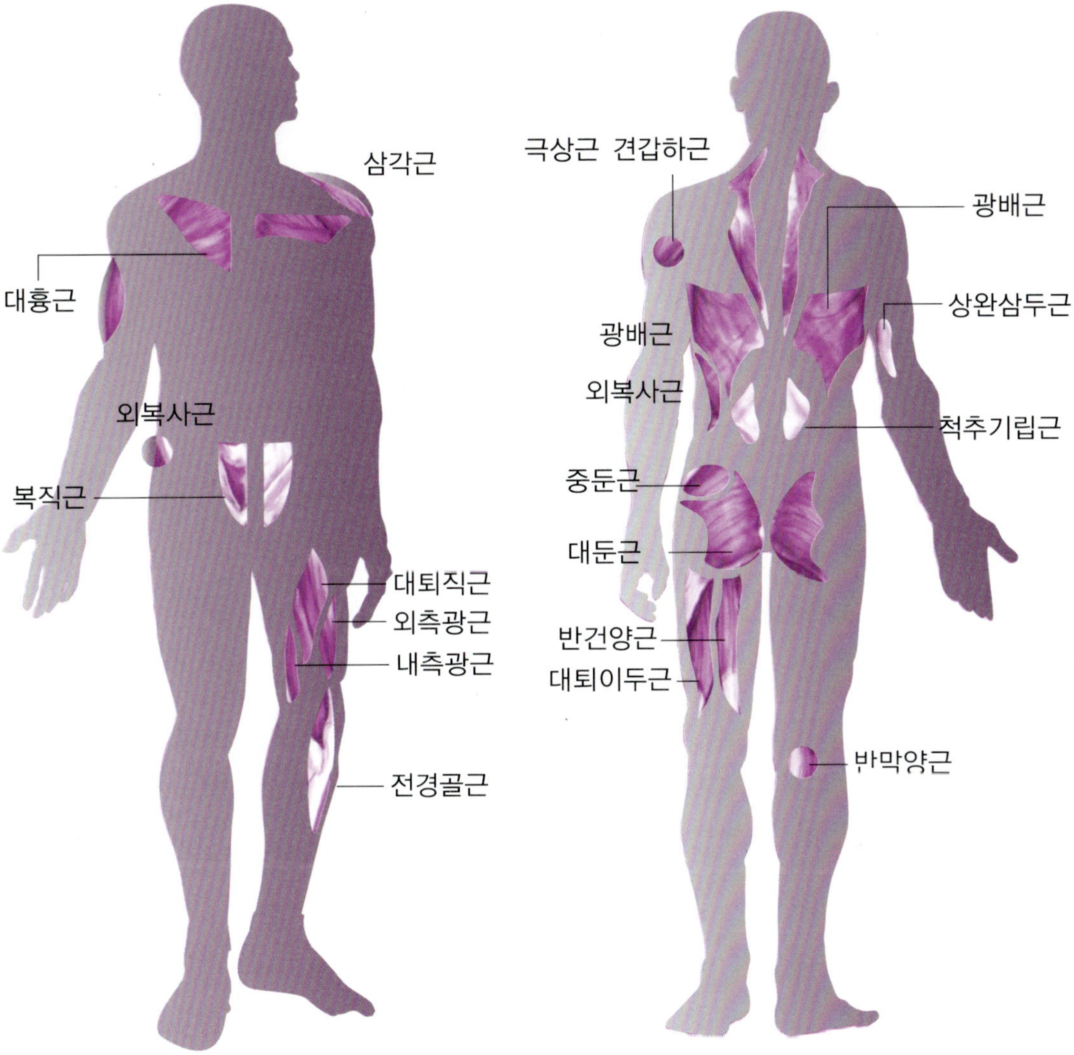

그림 1-5 몸매관리에 따른 전신 근육계(전체)

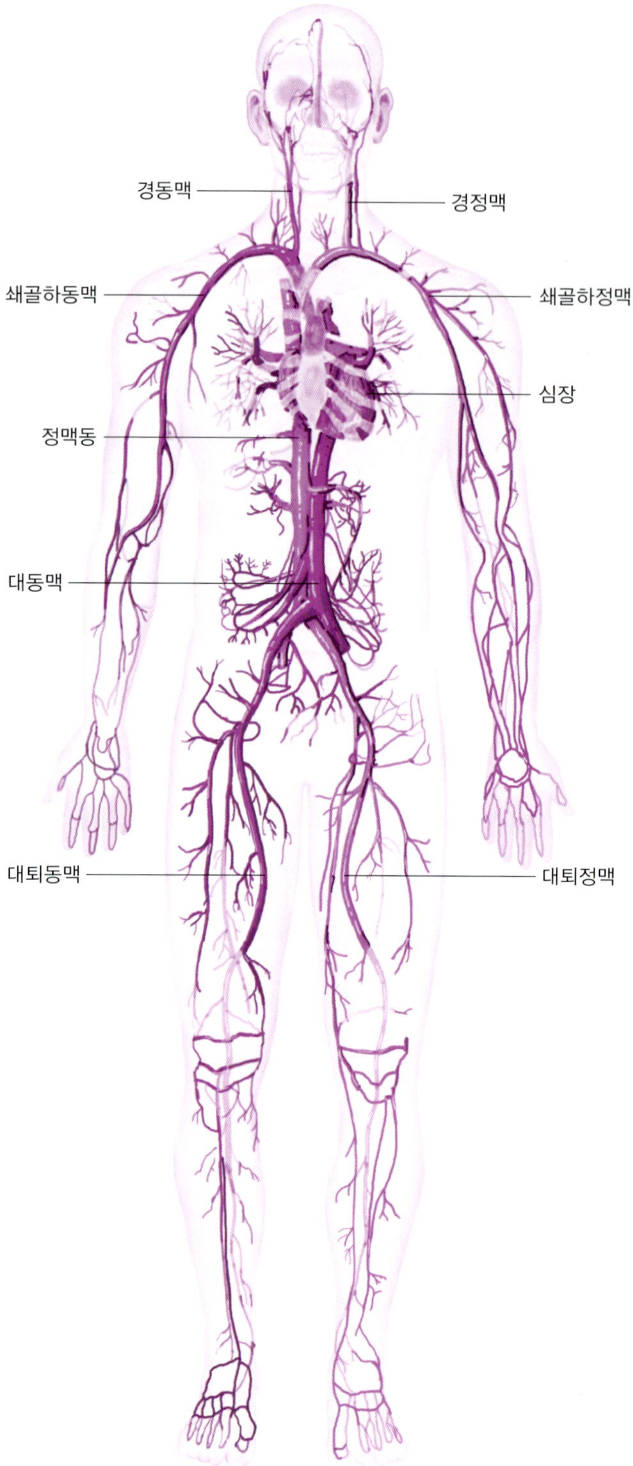

그림 1-6 몸매관리에 따른 전신 순환계

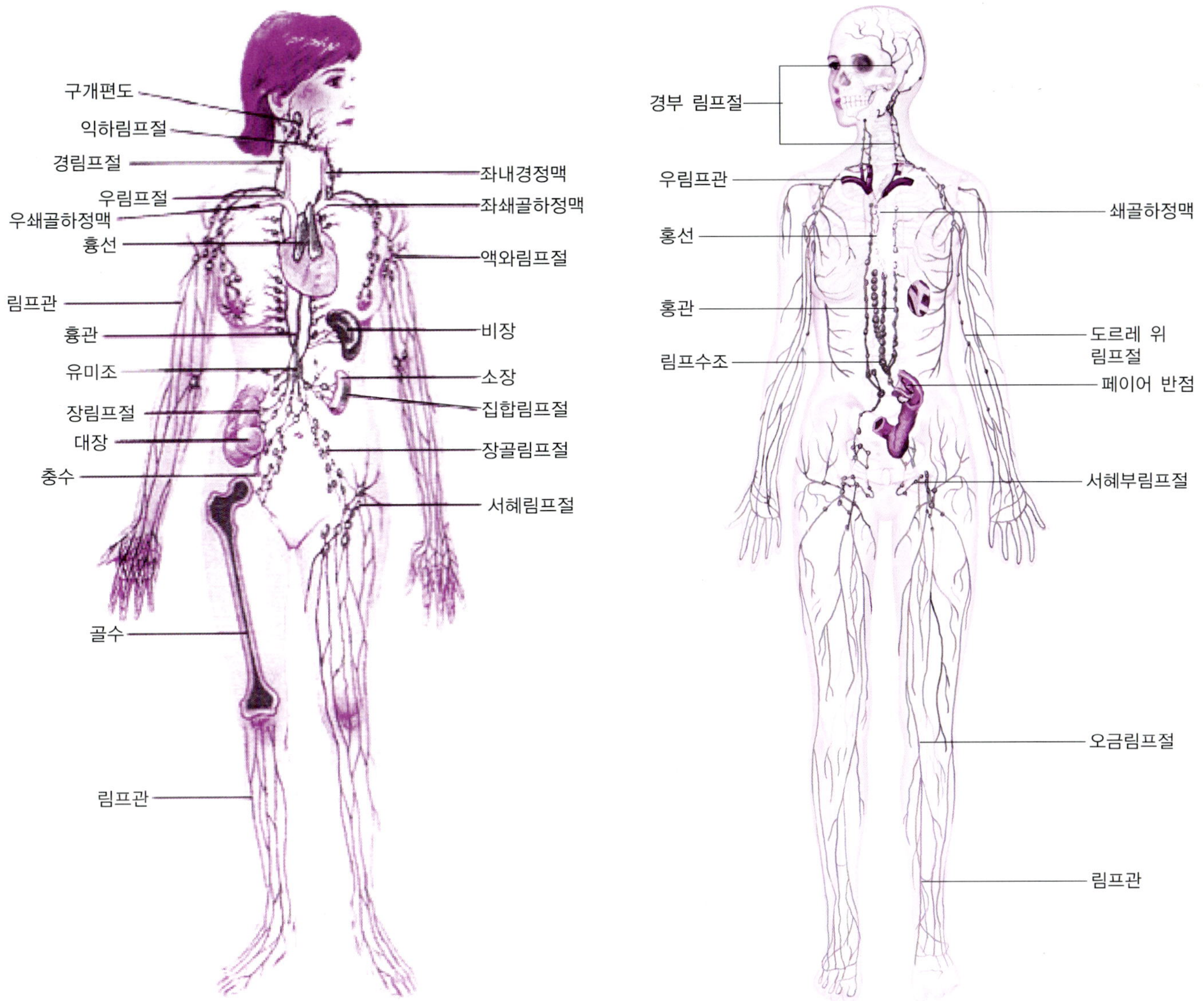

그림 1-7 몸매관리에 따른 전신 림프계

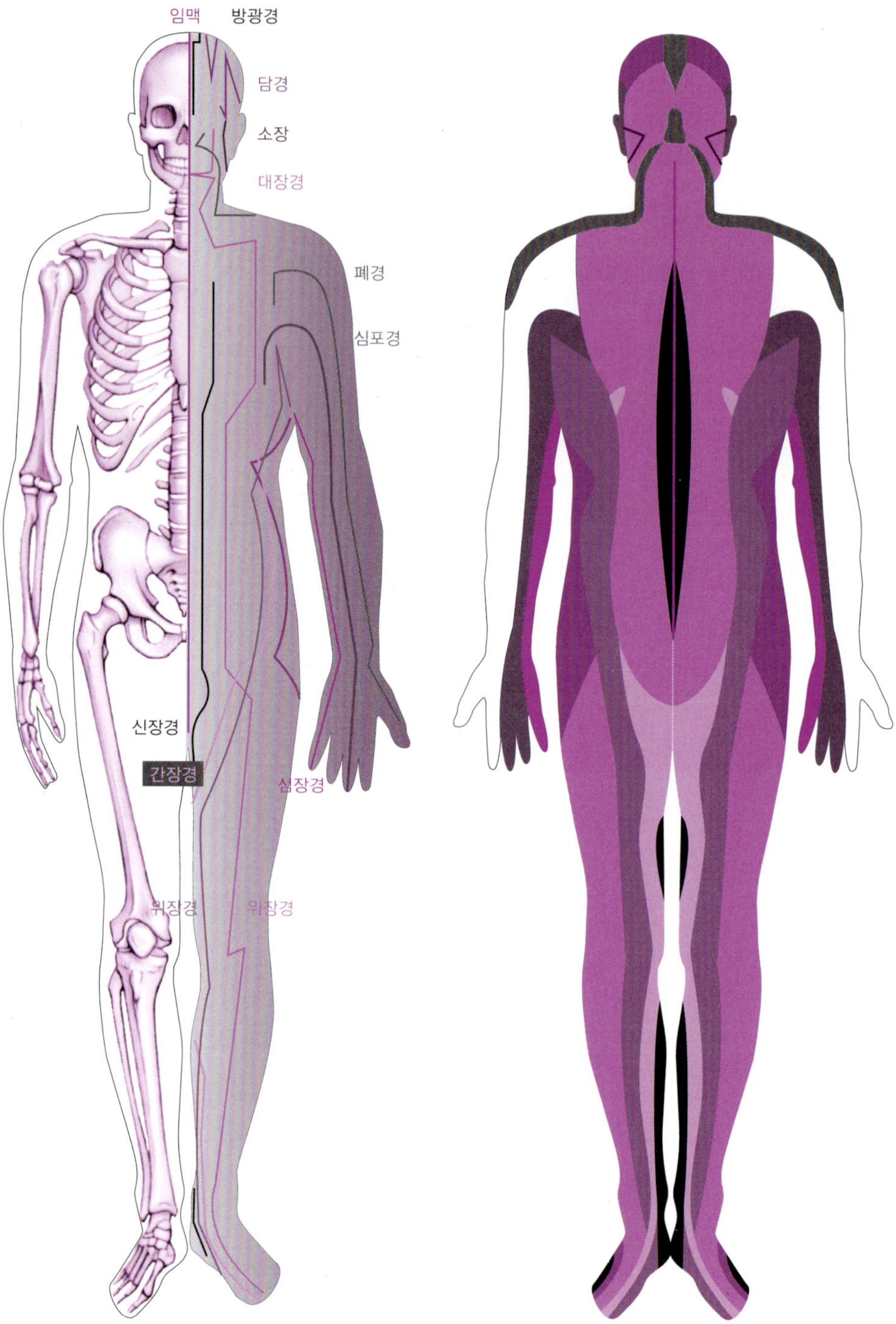

그림 1-8 몸매관리에 따른 경락 (1)

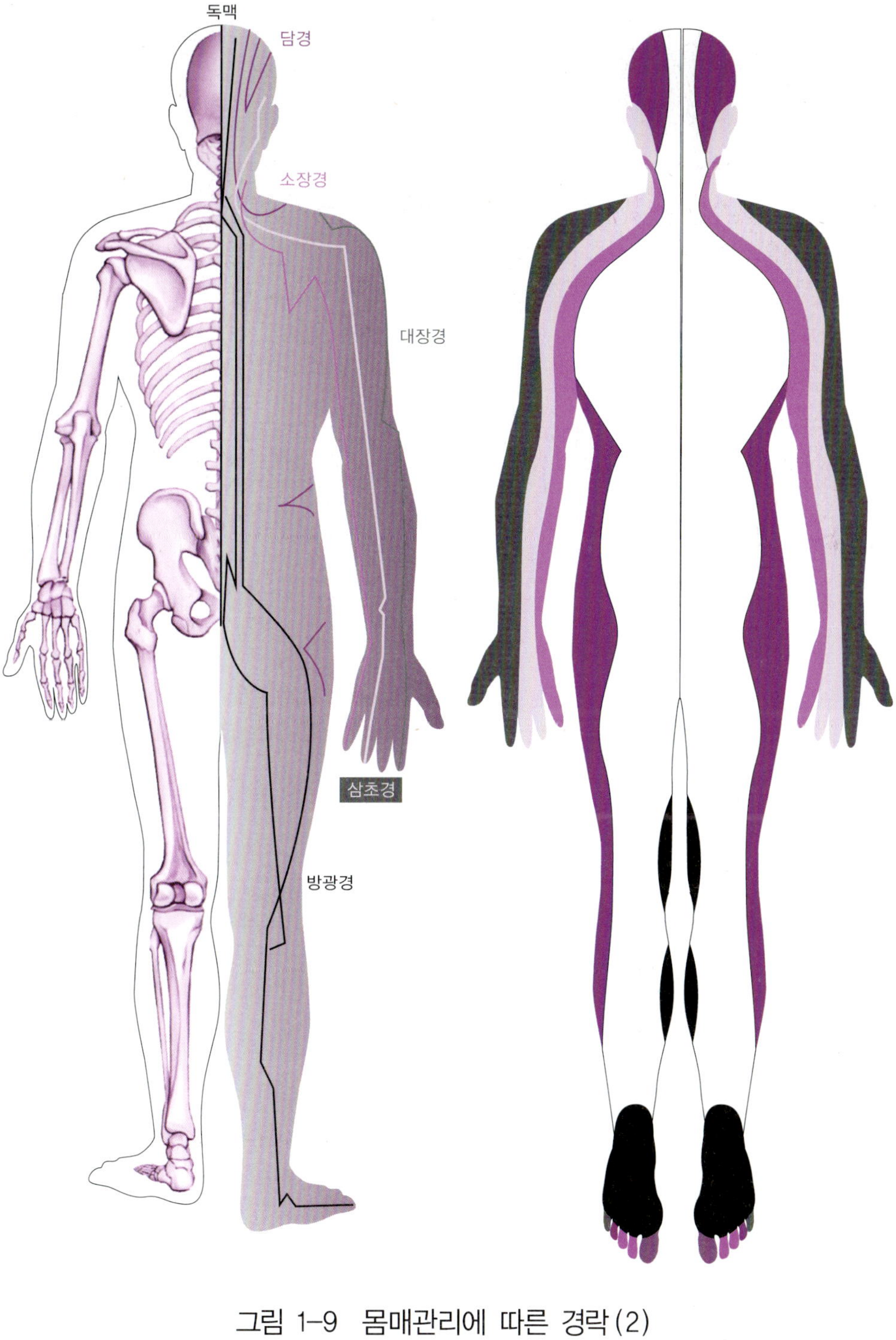

그림 1-9 몸매관리에 따른 경락(2)

[몸매관리수행 작업 시 실습자가 갖추어야 할 자격 요건]

- 고객이 편안하고 안정될 수 있는 분위기 조성 능력
- 재료의 온도를 적절하게 조절할 수 있는 능력
- 몸매형태를 파악하고 측정할 수 있는 능력
- 각 제품의 주요 성분과 관리목적 파악 능력
- 문진, 견진, 촉진을 통해서 피부를 관찰할 수 있는 능력
- 모든 과정을 철저하게 위생적으로 시행했는지 파악 능력
- 딥클렌징의 목적 파악 능력
- 매뉴얼 테크닉의 속도감, 리듬감, 밀착감, 세기, 시간이 어떠한지 기술 능력
- 피부유형에 맞는 5가지 매뉴얼 테크닉 기술 능력 (쓸어서 펴 바르기, 밀착하여 펴 바르기, 어루만져 펴 바르기, 토닥 토닥 펴 바르기, 떨며 펴 바르기)
- 매뉴얼 테크닉 할 때의 주위 환경이 어떠한지 파악 능력
- 매뉴얼 테크닉을 해서는 안 되는 피부상태 파악 능력
- 전극을 사용하기 전에 미리 기기나 전극의 배치 파악 능력
- 고객에게 과정을 미리 설명하고 주의사항 파악 능력
- 금속 액세서리가 제거되었는지 파악 능력
- 미용기기 상태 파악 능력 및 관리능력
- 미용기기 사용 능력
- 피부유형과 제품을 선택하는 능력
- 팩. 마스크의 도포 및 제거 능력
- 마무리 처리 능력

Chapter 2

몸매 클렌징하기

1. 몸매부위별 피부 유형에 따른 클렌징 방법과 제품 선택법
2. 몸매 피부유형에 맞는 제품과 테크닉으로 클렌징하기
3. 온습포 또는 경우에 따라 냉습포하기
4. 토닉으로 정리하기

[몸매클렌징 작업과정 실습보고서 작성]

[실습 수행평가표]

Chapter 2

Management Body

Chapter 2 몸매 클렌징하기

1. 몸매부위별 피부 유형에 따른 클렌징 방법과 제품 선택법

(1) 몸매부위별 클렌징 전 준비사항

① 관리 시 필요한 물품과 장비가 준비되었는지 체크한다.
② 관리용 화장품과 미용기기가 준비되었는지 체크한다.
③ 고객이 편안하게 관리를 받을 수 있도록 준비되었는지 체크한다.
④ 관리 전 고객에게 관리과정에 대하여 자세히 설명한다.

(2) 몸매관리의 시작단계로 피부미용 효과를 높이는데 중요한 과정

(3) 피부표면과 모공 내 노폐물을 제거하여 깨끗하고 건강한 피부를 가꾸는 목적

(4) 피부상태에 따라 클렌징의 선택을 고려

(5) 피부유형에 맞는 클렌저를 적당하게 덜어 도포하여 가볍게 마찰 실시

① 클렌징 로션 : 사용감이 산뜻하고, 모든 피부유형에 적합한 제형이다. 작용 성분에 따라 피부유형별로 구분되어 있으므로, 선택하여 사용한다.

② **클렌징 겔** : 물에 쉽게 용해되는 부드러운 겔 형태로 주로 민감한 피부타입에 많이 사용된다.

③ **클렌징 오일** : 수용성 오일 성분이 함유된 제품으로 물에 쉽게 용해된다. 주로 얼굴관리 시 많이 사용된다.

④ **클렌징 크림** : 유분이 많이 함유된 제품으로 사용 후 티슈로 유분기를 제거한 후 해면과 온습포를 사용한다.

2. 피부유형에 맞는 제품과 테크닉으로 클렌징하기

① 사용 부위에 적합한 양의 클렌징 제품을 손에 덜어서 도포한다.
② 양손 바닥을 이용해서 가볍게 쓰다듬기 동작을 3회 반복한다.
③ 양손을 이용하여 가볍게 문지르기 동작을 3회 반복한다.
④ 양손 바닥을 이용해서 가볍게 쓰다듬기 동작을 3회 반복한다.
⑤ 양손을 번갈아 가며 문지르기 동작을 좌우로 3회 반복한다.
⑥ 양손을 이용하여 가볍게 문지르기 동작을 3회 반복한다.
⑦ 전체 부위를 쓰다듬기 동작으로 마무리한다.

3. 온습포 또는 경우에 따라 냉습포하기

① 클렌징 한 부위를 양손으로 티슈 2장을 이용하여 잔여물을 제거한다.
② 온습포 또는 냉습포를 선택하여 양손으로 습포 온도를 체크한다.
③ 고객에게 사용할 적당한 온도의 습포를 실습부위에 올리고 가볍게 양손을 이용하여 눌러준다.
④ 습포부위를 가볍게 이완동작으로 교대로 실시한다.
⑤ 습포를 이용하여 클렌징 부위를 깨끗이 닦아낸다.
⑥ 습포의 사용하지 않은 부위를 선택하여 잔여물을 깨끗이 제거한다.
⑦ 사용한 습포는 정갈히 접어 작업대 하단부에 정리한다.

4. 토닉으로 정리하기

① 피부유형에 맞는 토너를 선택하여 코튼에 덜어준다.
② 토너에 적신 코튼을 사용하여 작업 부위를 깨끗하게 닦아준다.
③ 토너로 정리된 작업 부위는 다음 작업을 위한 준비를 한다.
④ 고객에게 클렌징 작업 시 불편사항이 있었는지 확인하고, 불편사항은 개선하여 고객 만족도를 높힌다.

[몸매클렌징 작업과정 실습보고서 작성]

[실습 수행평가표]

몸매 클렌징하기(1201010216_19v5.1)

실습자명 :

영역	평가내용	평가				
		5	4	3	2	1
실습자	피부미용사의 위생상태, 복장, 용모, 청결 상태는?					
	모든 과정을 철저하게 위생적으로 시행했나?					
	각 제품의 주요성분과 관리목적을 파악했나?					
	피부유형에 따른 제품선택이 적합한가?					
	고객에게 과정을 미리 설명하고 주의사항을 파악했나?					
	고객의 금속액세서리가 제거되었나?					
수행준거1.1	몸매부위별 피부유형에 따라 클렌징 방법과 제품을 선택할 수 있다.					
수행준거1.2	몸매 피부유형에 맞는 제품과 테크닉으로 클렌징할 수 있다.					
수행준거1.3	온습포 또는 경우에 따라 냉습포로 닦아내고 토닉으로 정리할 수 있다.					
태도	고객이 편안히 이완할 수 있도록 배려하려는 태도					
	위생적으로 고객을 배려하려는 태도					
	고객의 반응을 살피려는 객관적 태도					
기술	클렌징 테크닉 능력					
	위생관리 능력					
	습포사용 능력					

평가일		고객명	
평가자			

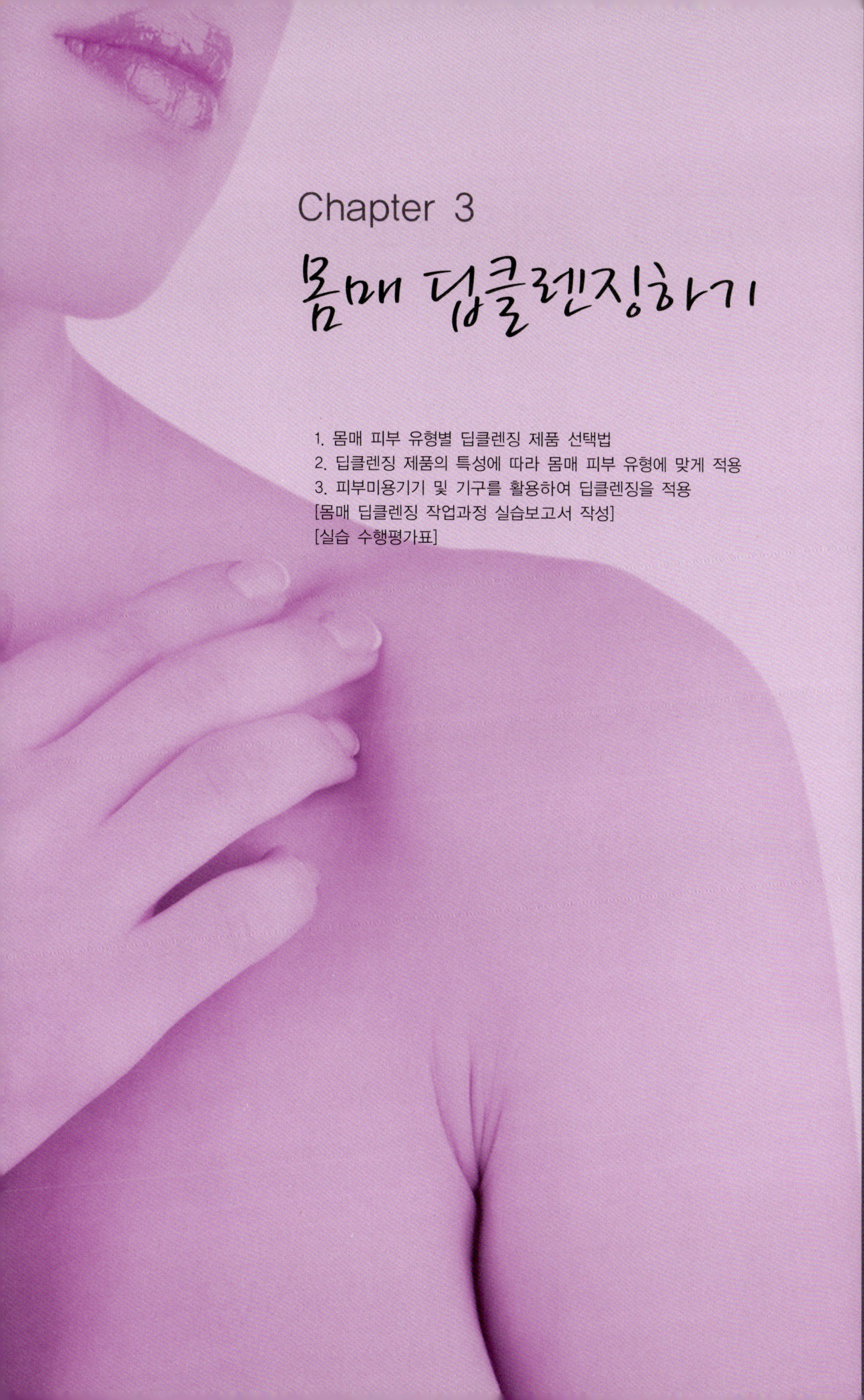

Chapter 3

몸매 딥클렌징하기

1. 몸매 피부 유형별 딥클렌징 제품 선택법
2. 딥클렌징 제품의 특성에 따라 몸매 피부 유형에 맞게 적용
3. 피부미용기기 및 기구를 활용하여 딥클렌징을 적용

[몸매 딥클렌징 작업과정 실습보고서 작성]

[실습 수행평가표]

Chapter 3

Management Body

Chapter 3 몸매 딥클렌징하기

1. 몸매 피부 유형별 딥클렌징 제품 선택법

① 딥클렌징 방법은 제품을 이용한 방법과 기계를 이용한 방법으로 구분할 수 있다.
② 딥클렌징은 종류와 특성에 따라 명칭을 달리한다.
③ 딥클렌징의 사용 목적은 피부 표면의 각질제거와 필요성분의 침투를 높이기 위함이다.
④ 제품을 이용한 딥클렌징법은 물리적 방법과 화학적 방법으로 크게 구분할 수 있다.

2. 딥클렌징 제품의 특성에 따라 몸매 피부 유형에 맞게 적용

(1) 물리적 방법

① **바디 스크럽** : 소금이나 스크럽 입자가 함유된 제품으로 도포 후 물에 적셔 손으로 가볍게 러빙한다.
② **바디 폴리쉬** : 스크럽 입자가 조금 더 미세하게 되어 있는 제품을 말한다.
③ **바디 고마쥐** : 도포 후 건조되면 가볍게 손끝으로 물리적 자극을 주어 밀어내는 제품이다.

(2) 화학적 방법

① AHA 함유 : 도포 시 제품의 농도와 시간에 따라 각질제거 효과가 달라진다.
② BHA 함유 : AHA와 마찬가지로 제품의 농도와 시간에 따라 각질제거 효과가 달라지며, 여드름 피부와 지성피부 유형에 사용한다.
③ 효소 함유

- 크림타입 : 단백질 분해 효소가 크림 안에 포함되어 있는 제품으로 도포 후 일정 시간이 지나면 가볍게 러빙하여 문지른 후 제거한다.
- 파우더타입 : 파우더 안에 단백질 분해 효소가 함유된 제품으로 미온수와 섞어서 피부에 도포 후 일정시간이 지난 후 가볍게 러빙하여 제거한다.

3. 피부미용기기 및 기구를 활용하여 딥클렌징 적용

① 석션 : 바큠 석션은 주로 얼굴 부위 딥클렌징으로 사용하며, 바디 석션의 경우는 순환 관리 용도로 사용한다.
② 브러싱 : 진동 브러쉬를 이용하여 표면의 각질을 제거하는 방법이다.
③ 데신크루스테이션 : 갈바닉 기기를 이용하여 노폐물을 제거하는 방법이다.

[몸매 딥클렌징 작업과정 실습보고서 작성]

[실습 수행평가표]

몸매 딥클렌징하기 (1201010216_19v5.2)

실습자명 :

영역	평가내용	평가				
		5	4	3	2	1
실습자	피부미용사의 위생상태, 복장, 용모, 청결 상태는?					
	모든 과정을 철저하게 위생적으로 시행했나?					
	각 제품의 주요성분과 관리목적을 파악했나?					
	피부유형에 따른 제품선택이 적합한가?					
	고객에게 과정을 미리 설명하고 주의사항을 파악했나?					
	고객의 금속액세서리가 제거되었나?					
수행준거2.1	몸매 피부 유형별 딥클렌징 제품을 선택할 수 있다.					
수행준거2.2	딥클렌징 제품의 특성에 따라 몸매 피부 유형에 맞게 적용하여 사용할 수 있다.					
수행준거2.3	몸매 딥클렌징에 적절한 피부미용기기 · 기구를 활용할 수 있다.					
태도	고객이 편안히 이완할 수 있도록 배려하려는 태도					
	위생적으로 고객을 배려하려는 태도					
	고객의 반응을 살피려는 객관적 태도					
기술	몸매 피부유형에 따른 딥클렌징 제품 선택 능력					
	물리적 · 화학적 방법 적용 능력					
	피부미용기기 · 기구 활용 능력					

평가일		고객명	
평가자			

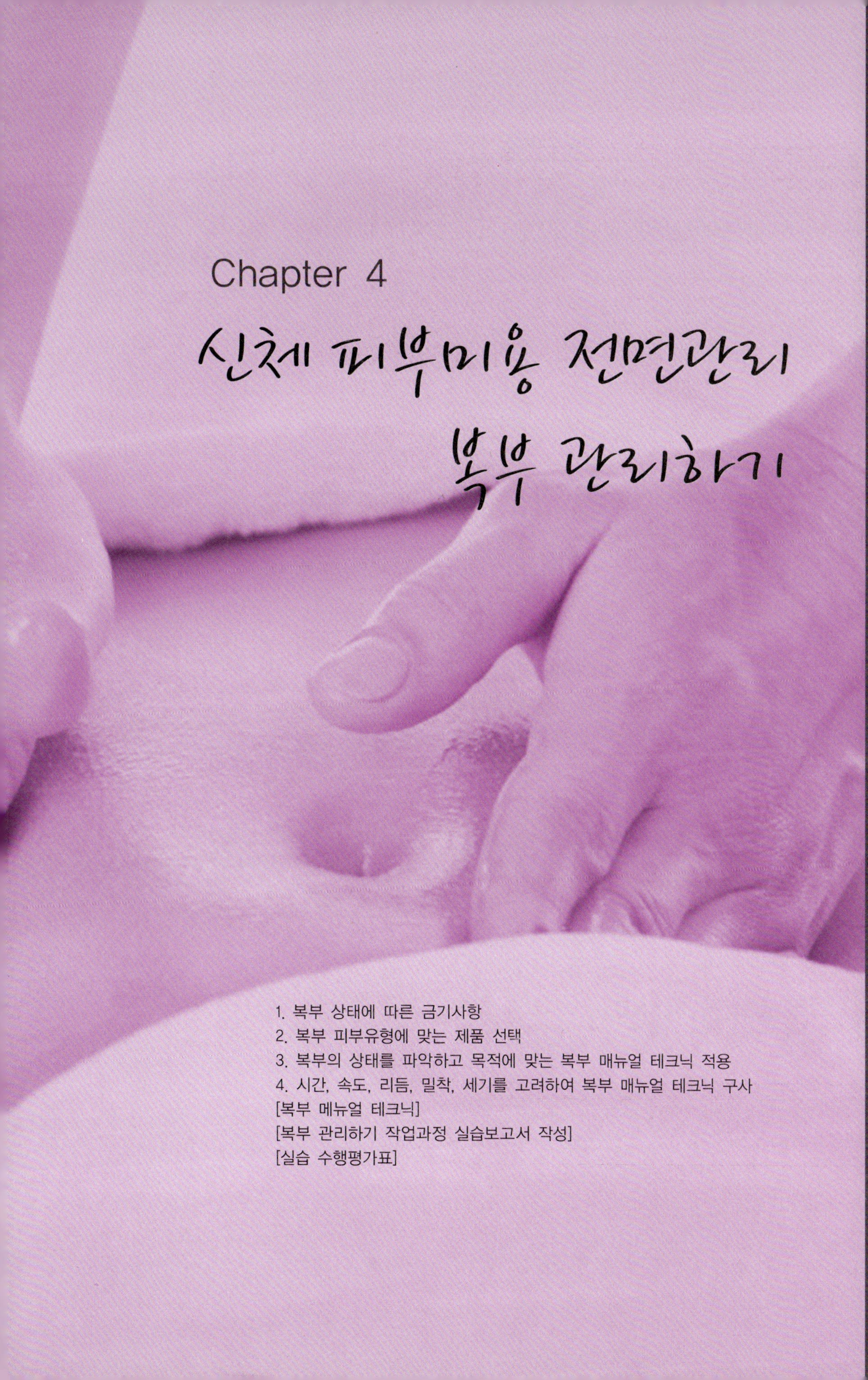

Chapter 4

신체 피부미용 전면관리 복부 관리하기

Chapter 4

1. 복부 상태에 따른 금기사항
2. 복부 피부유형에 맞는 제품 선택
3. 복부의 상태를 파악하고 목적에 맞는 복부 매뉴얼 테크닉 적용
4. 시간, 속도, 리듬, 밀착, 세기를 고려하여 복부 매뉴얼 테크닉 구사

[복부 메뉴얼 테크닉]

[복부 관리하기 작업과정 실습보고서 작성]

[실습 수행평가표]

Management Body

Chapter 4 신체 피부미용 전면관리 복부 관리하기

1. 복부 상태에 따른 금기사항

① 임신 중이거나 생리 중에는 피하도록 한다.
② 전염성이 있는 피부질환, 염증이나 알레르기 증상 등이 있을 시는 피하도록 한다.
③ 수술 직후는 피하도록 하며, 매뉴얼 테크닉 적용 시에는 가벼운 동작을 위주로 한다.
④ 일광욕 후 피부 자극 시에는 피하도록 한다.

2. 복부 피부유형에 맞는 제품 선택

① **건성피부 유형** : 카모마일, 제라늄, 라벤더, 로즈, 일랑일랑, 로즈우드, 스윗 아몬드, 아보카드, 보라지, 이브닝프림로즈, 호호바 등 건성피부에 도움을 주는 성분이 함유된 제품을 선택하여 관리한다.
② **비만형 복부** : 그레이프프루트, 레몬, 로즈마리, 사이프러스, 라벤더, 쥬니퍼베리, 펜넬 등 비만에 도움을 주는 성분이 함유된 제품을 선택하여 관리한다.
③ **생리 불순 및 생리통** : 바질, 카모마일, 사이프러스, 프랑킨센스, 자스민, 로즈 등 생리통과 생리 불균형에 도움을 줄 수 있는 성분이 함유된 제품을 선택하여 관리한다.
④ **변비와 소화기능 저하** : 시나몬, 펜넬, 마조람, 블랙페퍼, 팔마로사 등 변비와 소화기능 저하에 도움을 줄 수 있는 성분이 함유된 제품을 선택하여 관리한다.

3. 복부 상태를 파악하고 목적에 맞는 복부 매뉴얼 테크닉 적용

① 복부에 많은 장기가 존재하고 있다.
② 경혈점이 많이 분포되어 있는 곳이다.
③ 림프절이 모여 있는 곳으로 배출과 관련된 곳이다.
④ 복부 매뉴얼 테크닉 적용 후 장운동에 도움을 주며 이는 복부비만 관리에도 도움을 준다.

⑤ 복부 매뉴얼 테크닉 적용 후 노폐물 배출 및 매뉴얼 테크닉 과정에서 혈액순환을 촉진한다.
⑥ 복부 매뉴얼 테크닉 적용 시에는 내부 장기인 대장의 연동운동 방향으로 관리한다.
⑦ 복부 매뉴얼 테크닉 적용 시 복식호흡과 병행하여 시행하면, 관리효과를 증가시킬 수 있다.

4. 시간, 속도, 리듬, 밀착, 세기를 고려하여 복부 매뉴얼 테크닉 구사

① 양손바닥을 복부에 밀착시킨 후 시계방향으로 쓰다듬기 동작을 한다.
② 왼손을 고객 골반에 지지하고 오른손 끝을 이용하여 고객의 호흡속도에 맞추어 지그시 누르면서 시계방향으로 회전한다.
③ 양손바닥을 복부에 밀착시킨 후 시계방향으로 쓰나듬기 농작을 한다.
④ 왼손으로 고객 골반을 지지하고 오른손 끝을 이용하여 명치 부위에서 배꼽을 향하여 가볍게 흔들어 떨기(바이브레이션) 동작을 한다.
⑤ 양손바닥을 복부에 밀착시킨 후 시계방향으로 쓰다듬기 동작을 한다.
⑥ 양손을 배꼽 외측면의 소장부위에서 주무르기 동작을 한다.
⑦ 양손바닥을 이용하여 복부 부위의 명치에서 골반부위를 향하여 깊게 쓰다듬기 동작을 한 후 연결하여 서혜부 방향으로 깊은 쓰다듬기 동작으로 쓸어내린 후 문지르기 동작으로 쓸어내려준다.
⑧ 배꼽을 중심으로 가볍게 원을 그리는 동작을 한다. 두 번째, 세 번째 원그리기 동작은 점점 배꼽에서 멀어지는 원으로 수행한다.
⑨ 베꼽 부위에 가볍게 오른손으로 컵핑 모양으로 흔들어 떨기(바이브레이션) 동작을 한다.
⑩ 양손을 번갈아 밀어주는 동작으로 왼쪽 복부 아래 부위에서 위 방향으로 밀어주기 동작을 한 후 연결하여 우측복부 방향으로 가로 밀어주기 동작을 하고 복부 아래 동작으로 밀어주기 동작을 연결한 후 가볍게 사선 방향으로 밀어주며 동작을 마무리한다.
⑪ 양손바닥을 복부에 밀착시킨 후 시계방향으로 쓰다듬기 동작을 한다.
⑫ 양쪽 손의 하완을 이용하여 복부 전체 좌우 쓸어주기 동작을 한다.
⑬ 양손으로 복부 전체를 다이아몬드 모양으로 쓰다듬기 동작을 한다.
⑭ 양손을 교대로 배꼽아래에서 서혜부방향으로 번갈아 원그리며 문지르기 동작을 한다.
⑮ 양손바닥을 복부에 밀착시킨 후 시계방향으로 쓰다듬기 동작을 한다.

[복부 메뉴얼 테크닉]

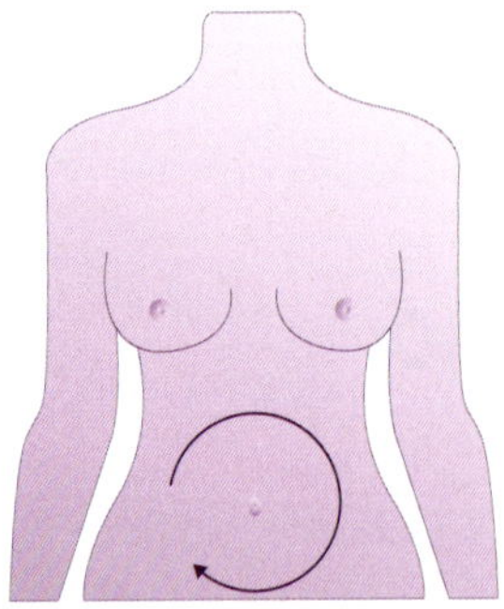	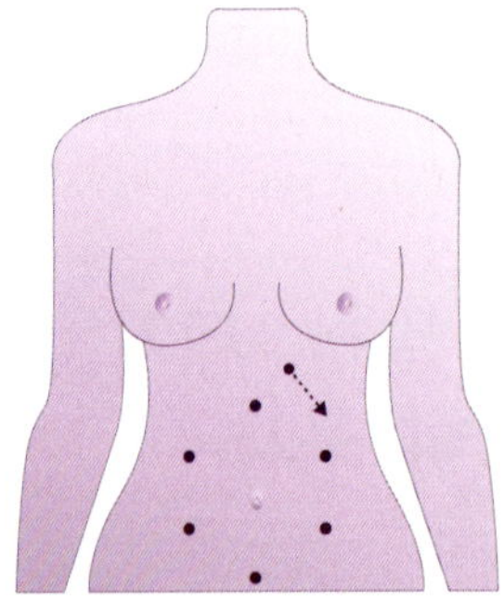	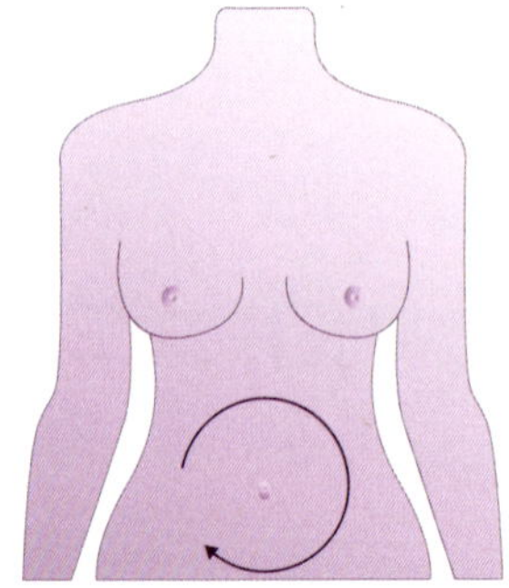
1. 양손 같이 시계방향으로 마사지한다.	2. 왼손을 골반에 얹고 오른손가락 끝으로 내쉴 때 눌러준다.	3. 애플라지
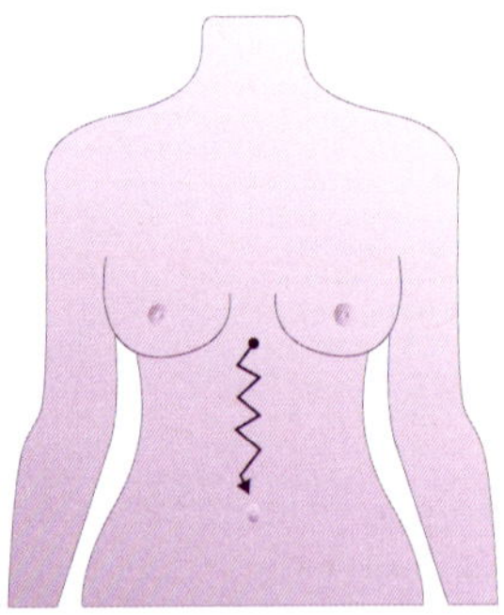	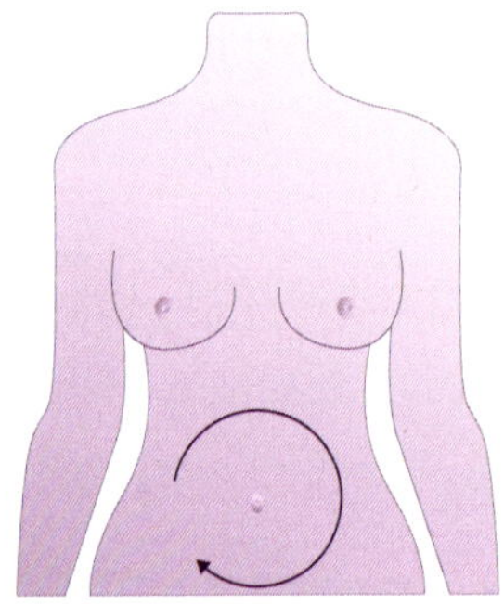	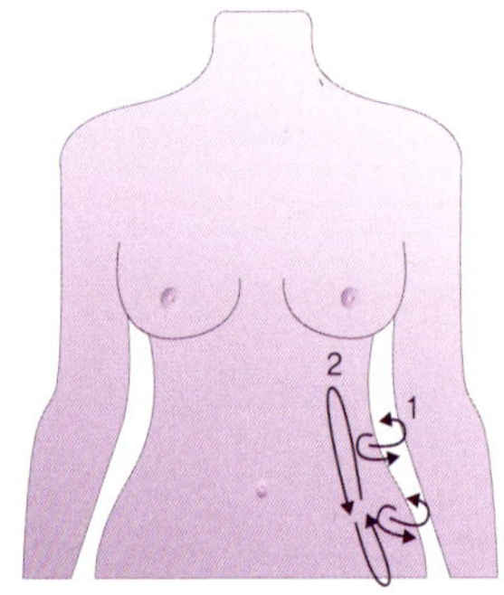
4. 명치→배꼽 손가락 끝에 힘주고 바이브레이션(내쉴 때)	5. 애플라지	6. 소장 부위 주무르기 오른쪽으로 실시 후 왼쪽을 실시한다.
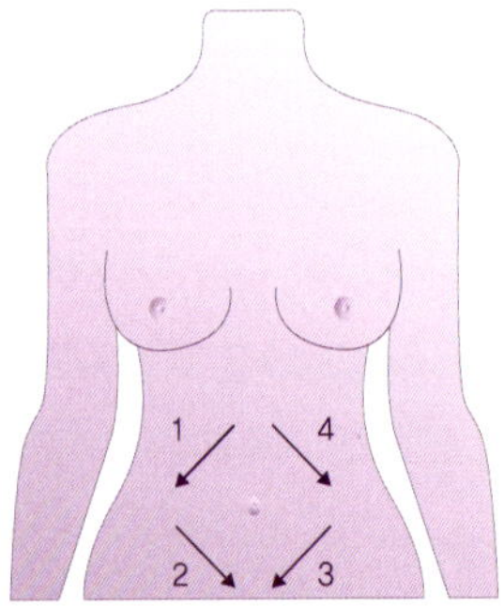	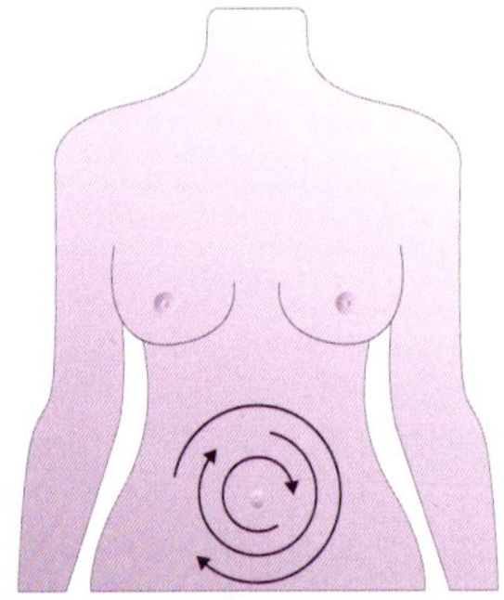	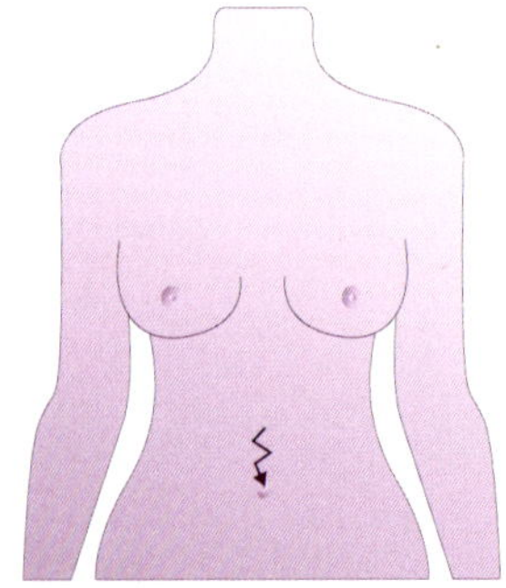
7. 쓰다듬기	8. 손바닥과 2, 3, 4지로 복부전체 풀어준다. ① 작은 원 ② 중간 원 ③ 큰 원	9. 배꼽위에 컵핑 동작으로 바이브레이션 후 눌렀다가 뗀다.

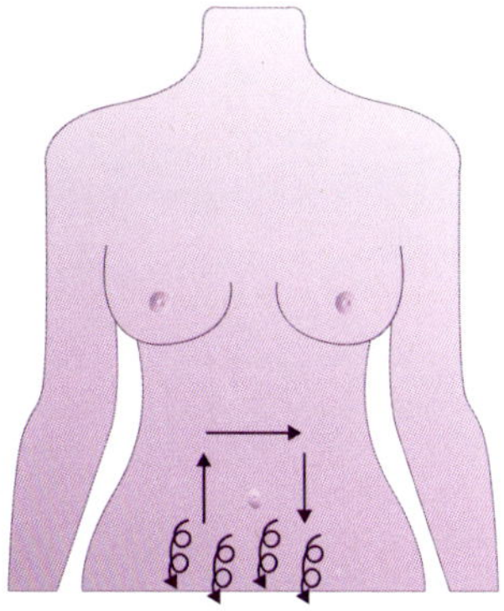	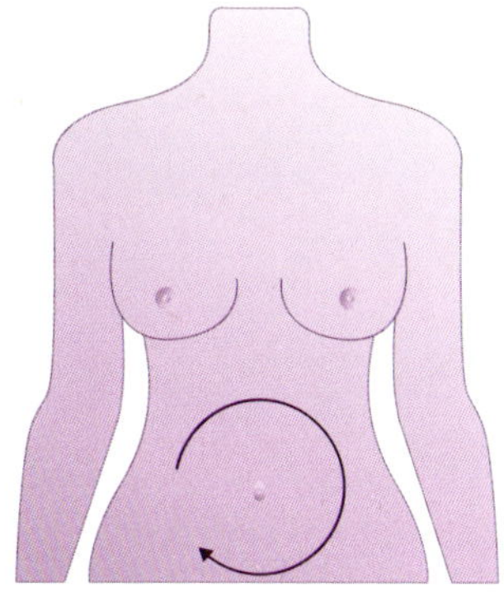	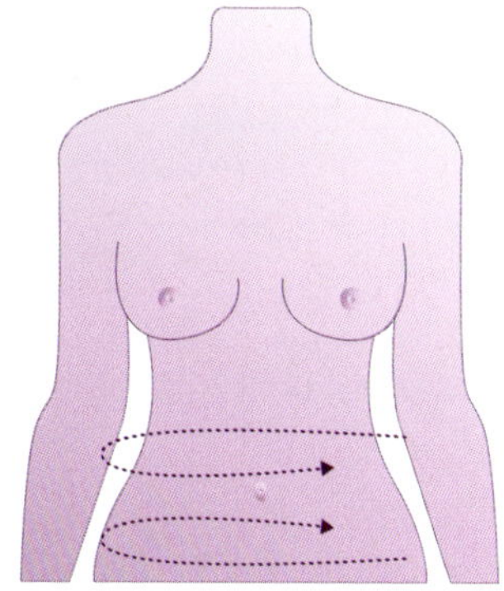
10. 한손을 펴서 다른 손 밑에 넣고 주물러 주면서 이동한다. 마지막은 너글링해준다.	11. 애플라지	12. 상완 하완으로 좌우 쓸어주기
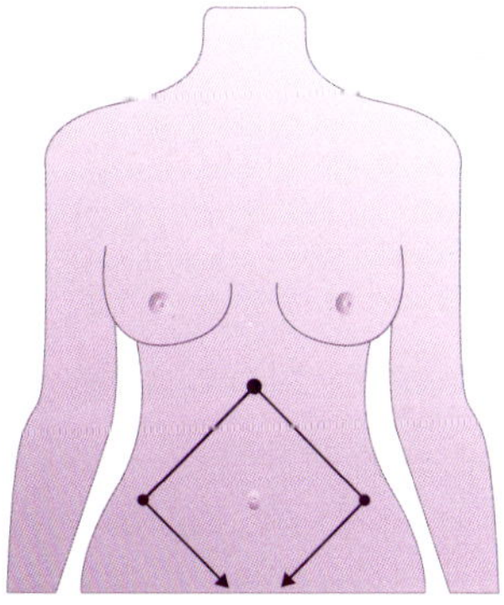	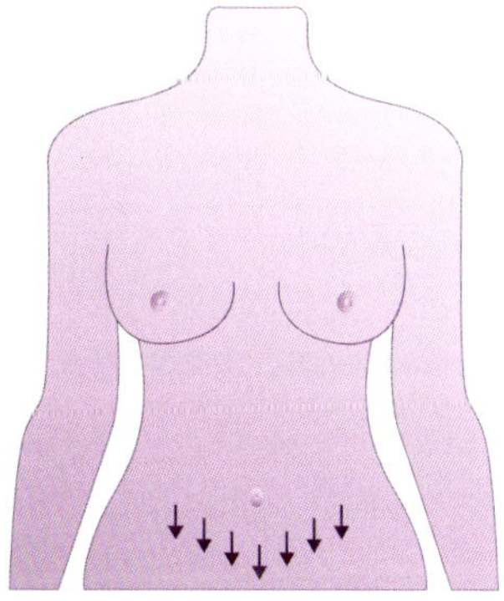	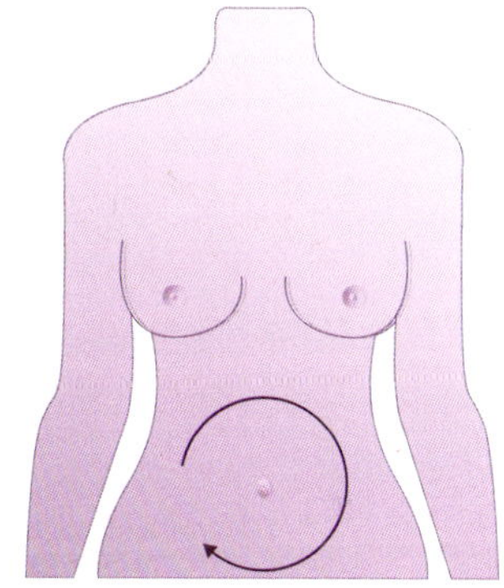
13. 양손엄지로 명치를 압한 후 허리부분을 살며시 든 후 손가락으로 누르면서 서혜부까지 내려온다.	14. 양손 엄지로 교대로 원을 그리며 내려간다.	15. 애플라지

[복부 관리하기 작업과정 실습보고서 작성]

[실습 수행평가표]

복부 관리하기(1201010241_20v6.1)

실습자명 :

영역	평가내용	평가				
		5	4	3	2	1
실습자	피부미용사의 위생상태, 복장, 용모, 청결 상태는?					
	모든 과정을 철저하게 위생적으로 시행했나?					
	각 제품의 주요성분과 관리목적을 파악했나?					
	피부유형에 따른 제품선택이 적합한가?					
	고객에게 과정을 미리 설명하고 주의사항을 파악했나?					
	고객의 금속액세서리가 제거되었나?					
수행준거1.1	고객의 복부상태에 따른 금기사항을 파악할 수 있다.					
수행준거1.2	복부 피부유형에 맞는 제품을 선택할 수 있다.					
수행준거1.3	복부의 상태를 파악하고 목적에 맞는 복부 매뉴얼테크닉을 적용할 수 있다.					
수행준거1.4	시간, 속도, 리듬, 밀착, 세기를 고려하여 복부 매뉴얼테크닉을 구사할 수 있다.					
태도	고객을 편안하고 안정적으로 배려하는 태도					
	신체부위 노출을 삼가려는 배려심 있는 태도					
	올바른 자세로 관리하려는 의지					
기술	쓸어서 펴 바르기 능력					
	밀착하여 펴 바르기 능력					
	어루만져 펴 바르기 능력					
	토닥토닥 펴 바르기 능력					
	떨며 펴 바르기 능력					

평가일		고객명	
평가자			

Chapter 5

신체 피부미용 전면관리
가슴 관리하기

1. 고객의 가슴 피부를 파악하여 금기해야 할 관리
2. 가슴 피부유형에 맞는 제품 선택
3. 가슴의 형태를 파악하고 목적에 맞는 매뉴얼 테크닉 적용
4. 시간, 속도, 리듬, 밀착, 세기를 고려하여 가슴 매뉴얼 데크닉 구사

[가슴 매뉴얼 테크닉]
[가슴 관리하기 작업과정 실습보고서 작성]
[실습 수행평가표]

Chapter 5

Management Body

Chapter 5 신체 피부미용 전면관리 가슴 관리하기

1. 가슴 피부를 파악하여 금기해야 할 관리

① 여성의 경우 가슴은 신체적 아름다움을 나타내는 미적인 측면에서 가슴 관리하기를 진행할 수 있다.
② 가슴의 주요조직인 유방은 피부와 지방, 유선으로 구성되어 있다.
③ 가슴 관리하기를 통하여 여성은 유방의 탄력향상과 노폐물 배설을 도와주며, 혈액순환을 촉진시킨다.
④ 생리 전·후에는 강한 압력이 들어가는 매뉴얼 테크닉은 피한다.
⑤ 임신 기간에는 가슴 매뉴얼 테크닉을 자제하거나 주의하여 실시한다.
⑥ 가슴관리 시 유두부위를 피하여 관리한다.
⑦ 고객의 신체부위 노출을 최대한 삼가려는 의지를 가지고 고객을 배려한다.

2. 가슴 피부유형에 맞는 제품 선택

① 가슴의 피부유형과 형태에 따른 제품을 선택하여 관리를 진행한다.
② 홈 케어 제품에 대한 조언과 더불어서 매일 관리의 필요성에 대하여 설명한다.
③ 보습제품과 더불어 탄력강화 제품 선택에 대하여 설명한다.
④ 피부유형에 맞는 제품과 기기 관리 병행 시 관련 제품에 대한 설명을 한다.
⑤ 수술 받은 고객의 경우 관련 사항을 잘 체크하여 제품이나 테크닉 조절 시 참조한다.
⑥ 순환이 부족한 피부유형의 경우 레몬, 사이프러스, 쥬니퍼베리 성분이 함유된 제품을 선택한다.
⑦ 튼살이 있는 가슴 피부유형의 경우 라벤더, 오렌지 성분이 함유된 제품을 선택한다.
⑧ 악건성 가슴 피부유형의 경우 프랑킨센서, 팔마로사, 라벤더 성분이 함유된 제품을 선택한다.
⑨ 유방 확대와 축소관리가 필요한 가슴 피부유형의 경우 제라늄, 일랑일랑 성분이 함유된 제품을 선택한다.

3. 가슴의 형태를 파악하고 목적에 맞는 매뉴얼 테크닉 적용

① 가슴탄력 매뉴얼 테크닉 : 가슴탄력을 강화하는 성분이 함유된 화장품을 선택하여 관리한다.

② 가슴확대 매뉴얼 테크닉 : 가슴확대에 도움을 주는 성분이 함유된 화장품을 선택하여 관리한다.

③ 가슴축소 매뉴얼 테크닉 : 가슴축소에 도움이 되는 체지방 분해성분이 함유된 화장품을 선택하여 관리한다.

④ 가슴주변 튼살 관리 매뉴얼 테크닉 : 가슴 주변의 튼살에 도움을 줄 수 있는 각질제거 성분과 보습력이 강화된 성분이 함유된 화장품을 선택하여 관리한다.

4. 시간, 속도, 리듬, 밀착, 세기를 고려하여 가슴 매뉴얼 테크닉 구사

① 귀밑에서 턱선과 목선을 지나 가슴부위를 가볍게 원 그리는 동작을 3회 반복한 후 가슴측면을 가볍게 압한다.

② 고객의 왼쪽 가슴부위로 손을 이동한 후 가슴 옆 측면과 아래면에서 유방부위를 향하여 6회에 걸쳐 쓰다듬기 동작을 수행한다.

③ 오른쪽 가슴부위도 2번 동작과 같은 동작을 반복한다.

④ 가슴부위를 가볍게 원 그리는 동작을 3회 반복한 후 가슴측면을 가볍게 압한다.

⑤ 좌측 가슴 옆 측면에서 시작하여 아래면 부위에서 위로 쓸어 올려주는 동작을 오른쪽 가슴 옆 측면까지 12회에 걸쳐 쓰다듬어 준다.

⑥ 좌우 가슴부위를 번갈아 문지르기 동작을 수행한다.

⑦ 가슴 전체를 애플라지 동작으로 쓰다듬기 한다.

⑧ 실습자는 위치를 이동하여 고객 측면에서 오른손으로 윗배를 쓸어 올리고, 왼손으로 옆구리 측면을 쓸어올리는 동작을 수행한다. 양쪽 가슴 부위 모두 수행한다.

⑨ 두 손으로 유방부위 쓰다듬기 동작으로 모아주기를 수행한다.

⑩ 두 손으로 유방부위 흔들어 주기(바이브레이션) 동작으로 모아주기를 수행한다.

⑪ 귀밑에서 턱선과 목선을 지나 가슴부위를 가볍게 원 그리는 동작을 3회 반복한 후 후경부 방향으로 쓸어올려 준다.

[가슴 매뉴얼 테크닉]

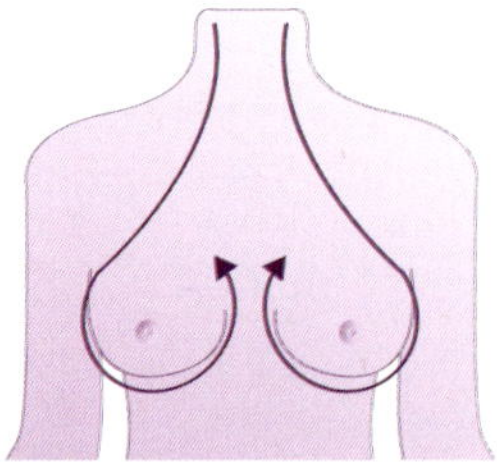	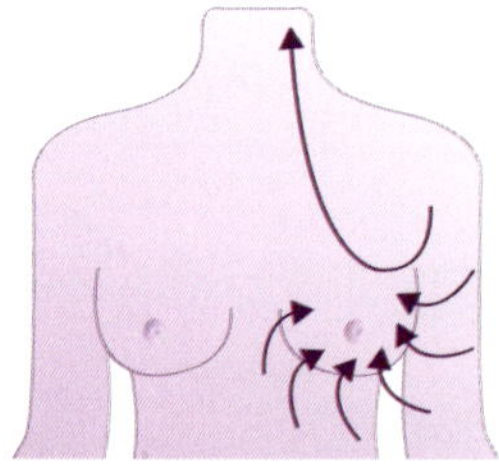	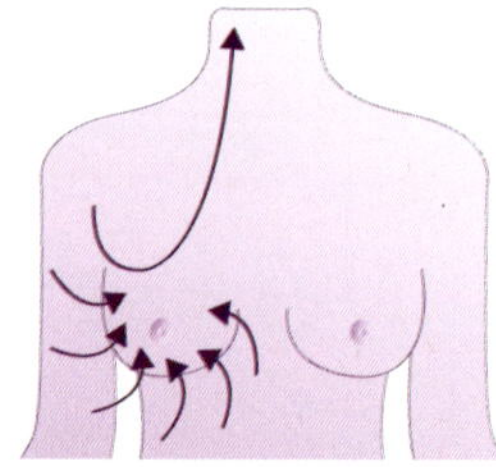
1. 귀밑→턱선→목선타고 내려가기 ① 가슴 부채꼴로 펴고 ② 유방둘레 원그리기 3회 ③ 원그린 후 가슴 압	2. 두 손을 왼쪽 가슴으로 옮긴 뒤 왼쪽 옆구리살과 윗뱃살을 왼쪽 유방쪽으로 6회에 걸쳐 쓸어올리기	3. 두 손을 오른쪽 가슴으로 옮긴 뒤 오른쪽 옆구리살과 윗뱃살을 오른쪽 유방쪽으로 6회에 걸쳐 쓸어올리기
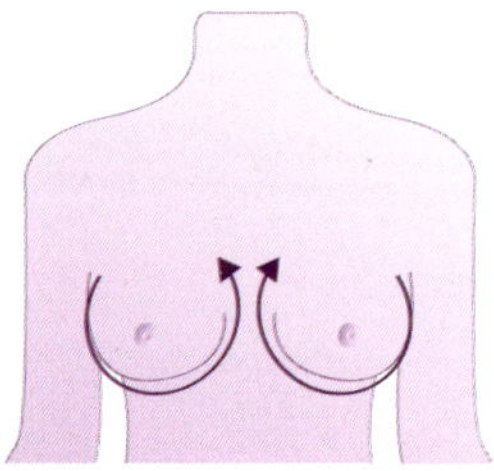	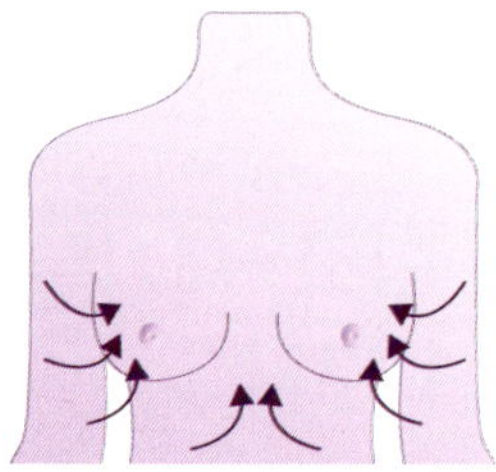	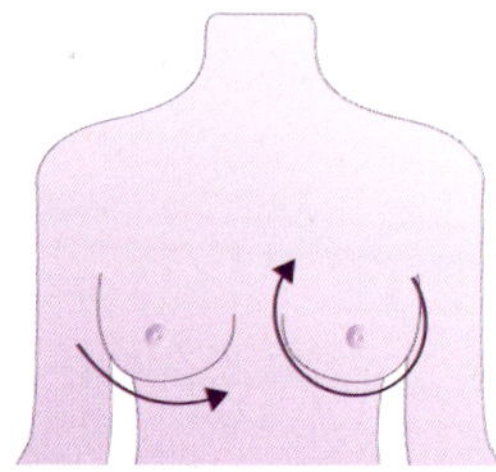
4. ① 유방둘레 원 그리기 3회 ② 원 그린 후 겨드랑이 압	5. 두 손을 왼쪽가슴으로 옮긴 뒤 유방 전체를 12번에 걸쳐 쓸어올리기 (이때도 윗뱃살을 중점으로 올려준다)	6. 오른쪽, 왼쪽 지그재그로 원을 그리며 유방을 쓸어올린다.
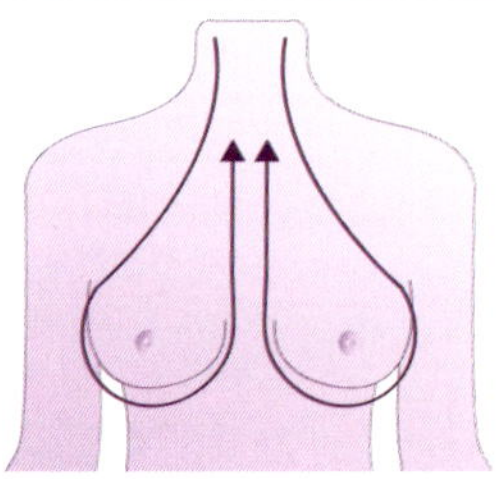	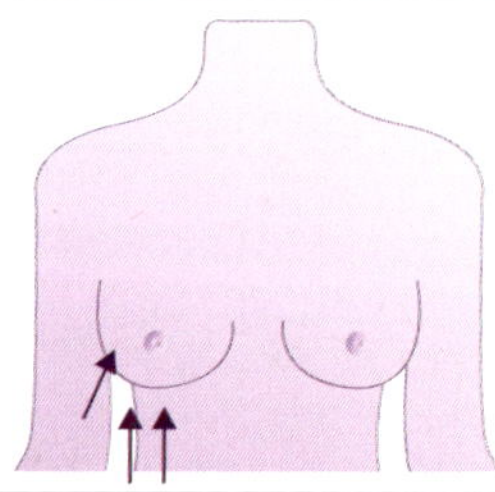	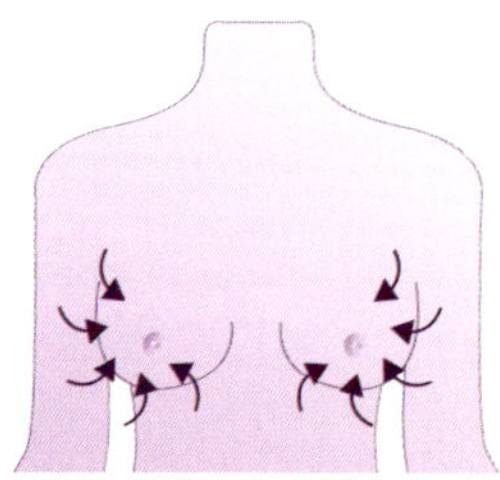
7. 가슴 애플라지	8. 애플라지 후 오른쪽 옆으로 가서 ① 오른손으로 윗배 쓸어 올리고 ② 왼손으로 옆구리살 쓸어올리기 왼쪽도 같은 방법	9. 두 손으로 유방 모아주기 (오른쪽, 왼쪽 3회 반복)
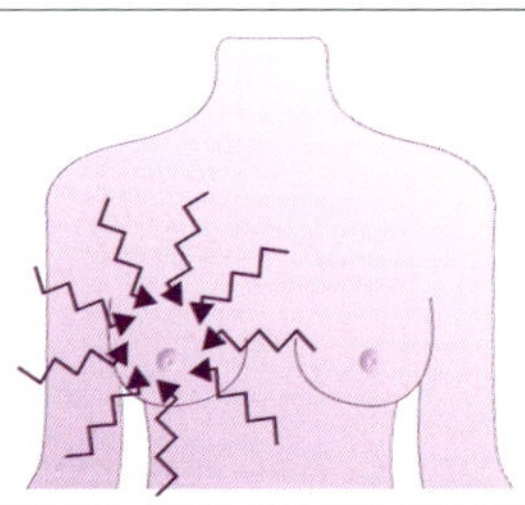	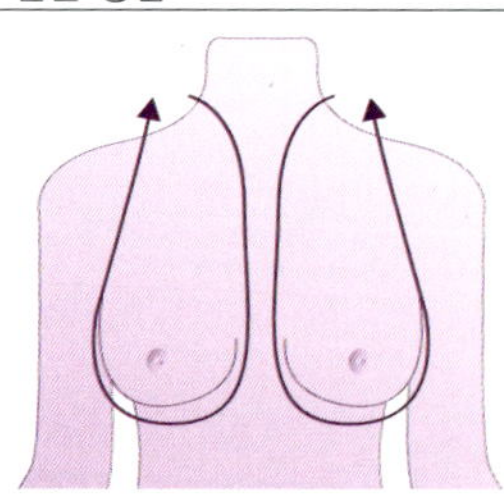	
10. 유방을 바이브레이션으로 모아주기 (오른쪽, 왼쪽 3회 반복)	11. 두 손 가슴에서 어깨타고 올라가 뒷목 쓸어 압 (마무리 1번)	

[가슴 관리하기 작업과정 실습보고서 작성]

[실습 수행평가표]

가슴 관리하기(1201010241_20v6.2)

실습자명 :

<table>
<tr><th rowspan="2">영역</th><th rowspan="2">평가내용</th><th colspan="5">평가</th></tr>
<tr><th>5</th><th>4</th><th>3</th><th>2</th><th>1</th></tr>
<tr><td rowspan="6">실습자</td><td>피부미용사의 위생상태, 복장, 용모, 청결 상태는?</td><td></td><td></td><td></td><td></td><td></td></tr>
<tr><td>모든 과정을 철저하게 위생적으로 시행했나?</td><td></td><td></td><td></td><td></td><td></td></tr>
<tr><td>각 제품의 주요성분과 관리목적을 파악했나?</td><td></td><td></td><td></td><td></td><td></td></tr>
<tr><td>피부유형에 따른 제품선택이 적합한가?</td><td></td><td></td><td></td><td></td><td></td></tr>
<tr><td>고객에게 과정을 미리 설명하고 주의사항을 파악했나?</td><td></td><td></td><td></td><td></td><td></td></tr>
<tr><td>고객의 금속액세서리가 제거되었나?</td><td></td><td></td><td></td><td></td><td></td></tr>
<tr><td>수행준거2.1</td><td>고객의 가슴피부를 파악하여 금기해야 할 관리와 유두부위를 피할 수 있다.</td><td></td><td></td><td></td><td></td><td></td></tr>
<tr><td>수행준기2.2</td><td>가슴 피부유형에 맞는 제품을 선택할 수 있다.</td><td></td><td></td><td></td><td></td><td></td></tr>
<tr><td>수행준거2.3</td><td>가슴의 형태를 파악하고 목적에 맞는 매뉴얼 테크닉을 적용할 수 있다.</td><td></td><td></td><td></td><td></td><td></td></tr>
<tr><td>수행준거2.4</td><td>시간, 속도, 리듬, 밀착, 세기를 고려하여 가슴 매뉴얼 테크닉을 구사할 수 있다.</td><td></td><td></td><td></td><td></td><td></td></tr>
<tr><td rowspan="2">태도</td><td>고객을 편안하고 안정적으로 배려하는 태도</td><td></td><td></td><td></td><td></td><td></td></tr>
<tr><td>신체부위 노출을 삼가려는 배려심 있는 태도</td><td></td><td></td><td></td><td></td><td></td></tr>
<tr><td rowspan="5">기술</td><td>쓸어서 펴 바르기 능력</td><td></td><td></td><td></td><td></td><td></td></tr>
<tr><td>밀착하여 펴 바르기 능력</td><td></td><td></td><td></td><td></td><td></td></tr>
<tr><td>어루만져 펴 바르기 능력</td><td></td><td></td><td></td><td></td><td></td></tr>
<tr><td>토닥토닥 펴 바르기 능력</td><td></td><td></td><td></td><td></td><td></td></tr>
<tr><td>떨며 펴 바르기 능력</td><td></td><td></td><td></td><td></td><td></td></tr>
</table>

<table>
<tr><td>평가일</td><td></td><td>고객명</td><td></td></tr>
<tr><td>평가자</td><td colspan="3"></td></tr>
</table>

Chapter 6

신체 피부미용 전면관리 손·팔 관리하기

1. 손과 팔 피부유형에 맞는 제품 선택
2. 손과 팔의 상태를 파악하고 목적에 맞는 매뉴얼 테크닉 적용
3. 시간, 속도, 리듬, 밀착, 세기를 고려하여 손·팔 매뉴얼 테크닉 구사

[손·팔 메뉴얼 테크닉]
[손·팔 관리하기 작업과정 실습보고서 작성]
[실습 수행평가표]

Chapter 6

Organization Structure Design

Chapter 6 신체 피부미용 전면관리 손·팔 관리하기

1. 피부유형에 맞는 제품 선택

① 손과 팔 피부유형에 맞는 클렌징, 딥클렌징, 매뉴얼 테크닉에 필요한 오일 및 크림을 선택한다.

② 손과 팔 피부에 맞는 팩 및 마스크를 선택하여 준비한다.

③ 손과 팔의 팩 제거 후 손과 팔 관리하기에 효과를 유지할 수 있는 마무리 크림을 선택하여 도포한다.

2. 손과 팔의 상태를 파악하고 목적에 맞는 매뉴얼 테크닉 적용

① 손은 순환이 원활히 되지 않으면, 차가워지는 부위이다.

② 손과 팔 관리는 얼굴 관리와 전신관리에 보다 효과적인 상승작용을 가져다준다.

③ 손끝에서 어깨부위까지 관리 시 세심하게 매뉴얼 테크닉을 구사해야 보다 효과적이다.

④ 액와 부위는 림프절이 많이 모이는 곳이므로, 세심한 관리가 필요하다.

⑤ 관리 목적에 따라서는 가슴관리와 연결하여서 매뉴얼 테크닉을 구사한다.

⑥ 기기류 및 팩과 마스크를 적용하면 보다 효과적이다.

3. 시간, 속도, 리듬, 밀착, 세기를 고려하여 손·팔 매뉴얼 테크닉 구사

① 고객 팔의 손끝에서 어깨까지 쓰다듬기 동작을 한다.
② 고객의 손에 실습자 손을 끼고 좌우로 흔들기 동작을 한다.
③ 고객의 손과 깍지를 끼고 가볍게 90도로 앞과 뒤로 지그시 눌러준다.
④ 고객의 손등을 가볍게 문지르기 동작으로 러빙한 후 손등 전체를 크게 원그리기 동작으로 문지르기 동작을 수행한 후 연결 동작으로 손등 지그재그 미는 동작을 수행한다.
⑤ 고객의 손을 돌려 손바닥에 4번과 같은 동작을 수행한다.
⑥ 고객 손등 사이사이를 가볍게 밀기 동작을 한다.
⑦ 고객의 엄지손가락부터 새끼손가락까지 회전 동작을 수행한다.
⑧ 고객의 손목 윗부분을 실습자 양손 엄지로 지그시 누른 후 가볍게 흔들기 동작(바이브레이션)을 실시한다.
⑨ 손등 쓰다듬기 동작을 한다.
⑩ 고객 팔의 손끝에서 어깨까지 쓰다듬기 동작을 한다.
⑪ 고객의 팔 전체를 문지르기 동작으로 손끝에서 어깨까지 한다.
⑫ 팔꿈치 주무르기 동작을 한다.
⑬ 팔목에서 팔꿈치 방향으로 세 부위를 나누어서 깊게 쓸어주기 동작을 한다.
⑭ 팔목 안쪽 부위도 13번 동작과 같은 쓸어주기 동작을 한다.
⑮ 양손으로 가볍게 팔 전체 손끝에서 어깨까지 롤링 동작을 한다.
⑯ 고객 팔의 손끝에서 어깨까지 쓰다듬기 동작을 한다.
⑰ 고객 팔의 상완 안쪽 부위를 반죽하기 동작으로 주무르기를 한다.
⑱ 고객 팔의 상완 뒤쪽 부위를 반죽하기 동작으로 주무르기를 한다.
⑲ 팔 위쪽(상완)의 앞뒤 근육을 위 아래로 비벼주기 동작을 한다.
⑳ 고객의 팔 위쪽 부위를 집어주기 동작으로 튕겨준다.
㉑ 고객 팔의 손끝에서 어깨까지 쓰다듬기 동작을 한다.
㉒ 고객이 팔 전체를 가볍게 흔들기(바이브레이션) 동작을 한다.
㉓ 고객 팔의 손끝에서 어깨까지 쓰다듬기 동작을 한다.
㉔ 몸 쪽으로 팔을 올려준다.

[손·팔 메뉴얼 테크닉]

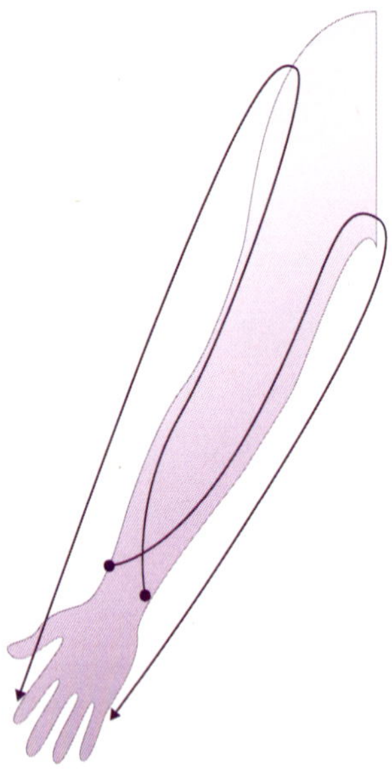

1. 애플라지

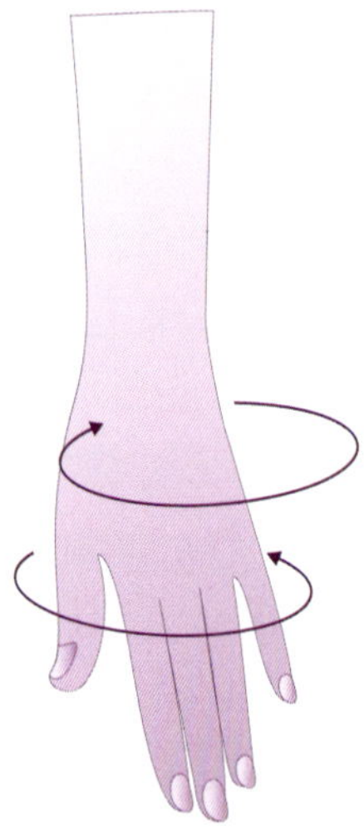

2. 손 좌우로 흔들기

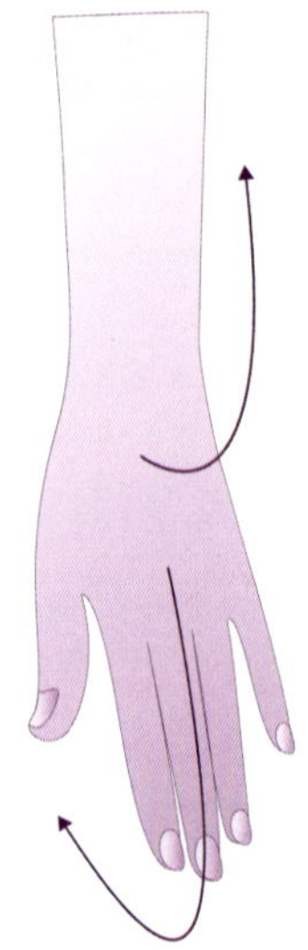

3. 고객과 손깍지를 낀다.
① 손목 90도 앞으로 꺾는다.
② 1.2.3 세고 다시 ③ 손목 90도로 뒤로 꺾는다.

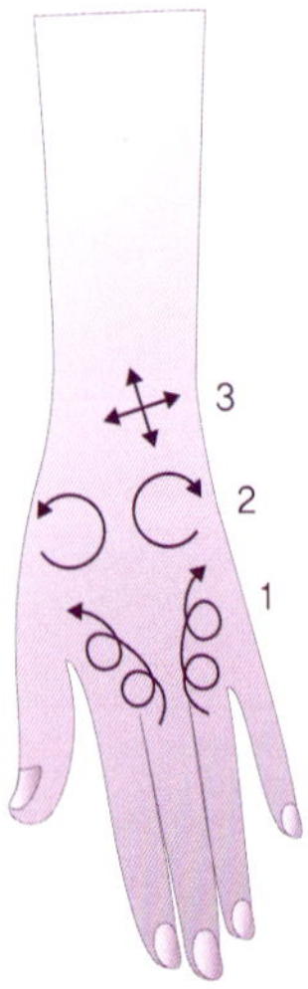

4. ① 손등 러빙
② 손등 크게 러빙
③ 손등 지그재그

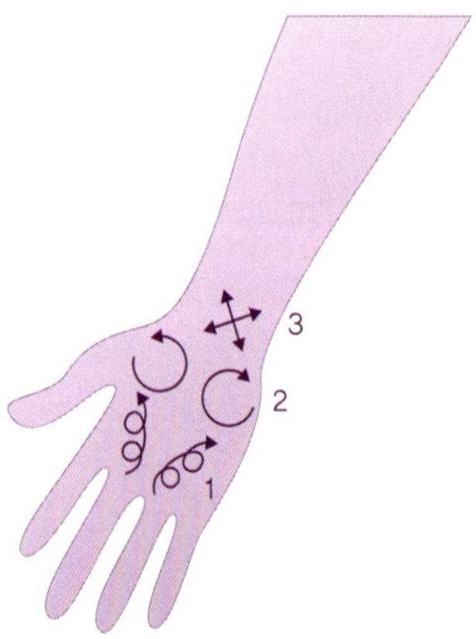

5. ① 손바닥 러빙
② 손바닥 크게 러빙
③ 손바닥 지그재그

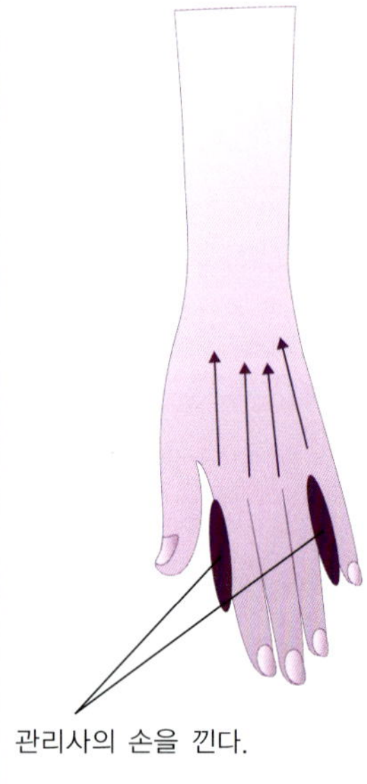

6. 끝마다 민다. 손등 접촉 후 손바닥을 민다.

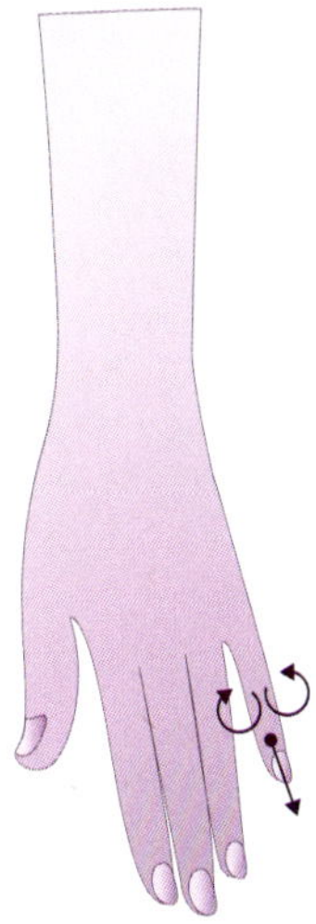

7. 손가락 회전마찰 관리사 2, 3 손가락 사이에 고객 손가락을 넣고
① 당기고 ② 오른쪽 회전 ③ 왼쪽 회전

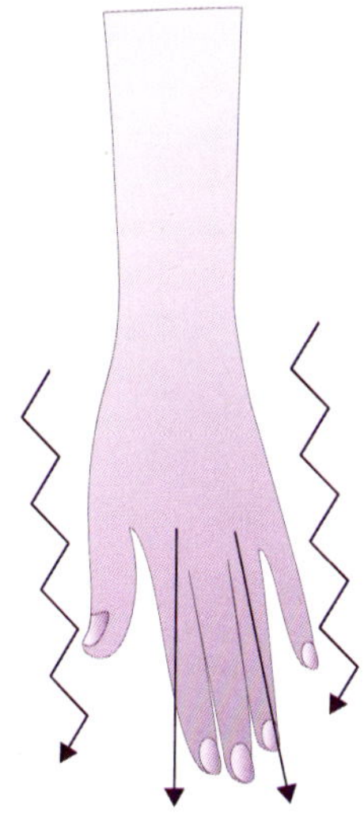

8. 바이브레이션 후 엄지로 누르면서 당긴다.

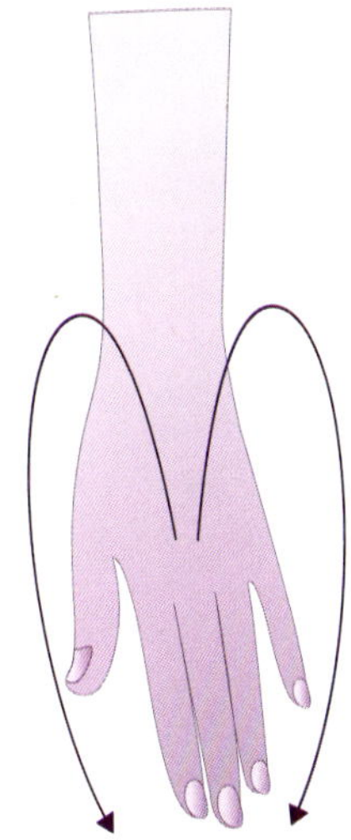

9. 손등 애플라지

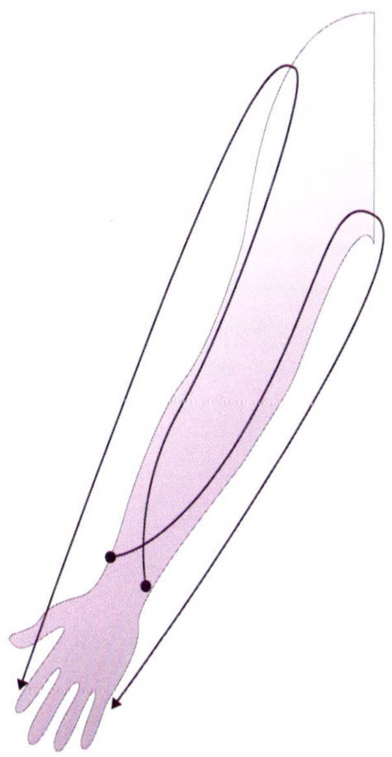

10. 전체 애플라지

11. 한쪽씩 손바닥과 모지구로 문지른다.

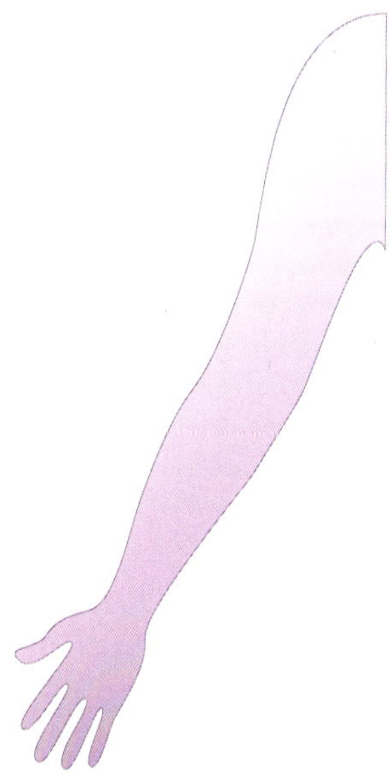

12. 팔꿈치 주무르기 손바닥 또는 엄지로 가볍게

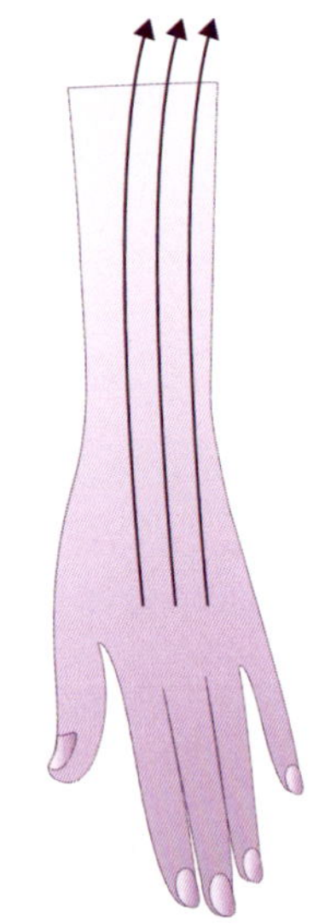

13. 앞쪽에서(손등) 팔꿈치 쪽으로 스트로킹한다.

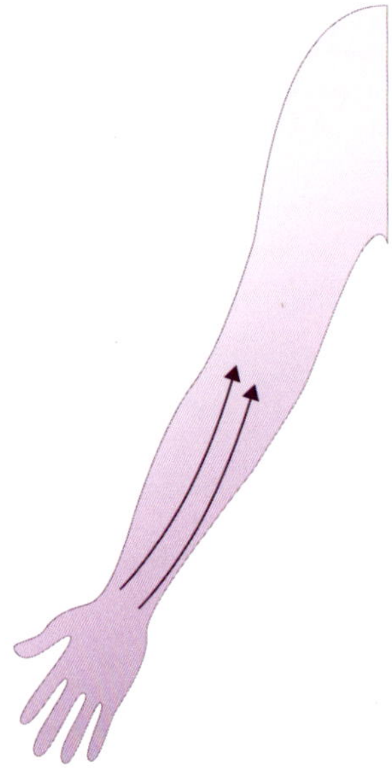

14. 손바닥 안쪽도 팔꿈치쪽으로 비스듬히 스트로킹한다.

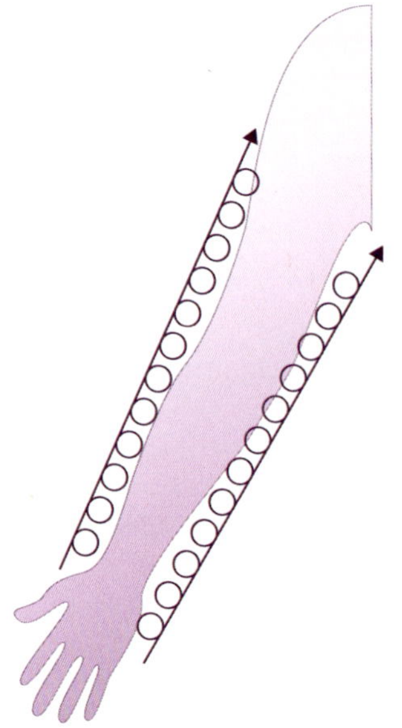

15. 양손으로 롤링

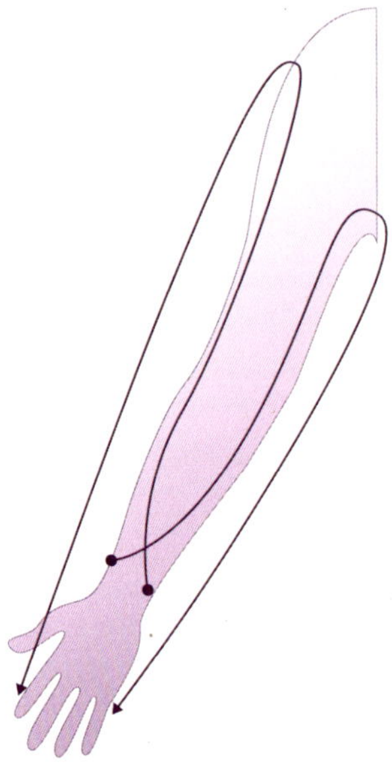

16. 애플라지

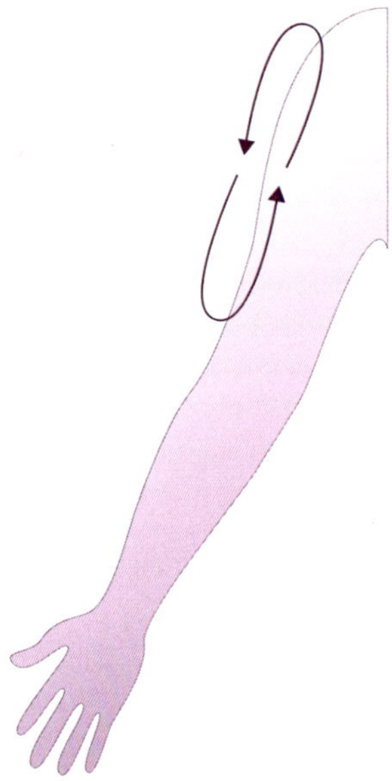

17. 팔 안쪽(이두박근) 주무르기

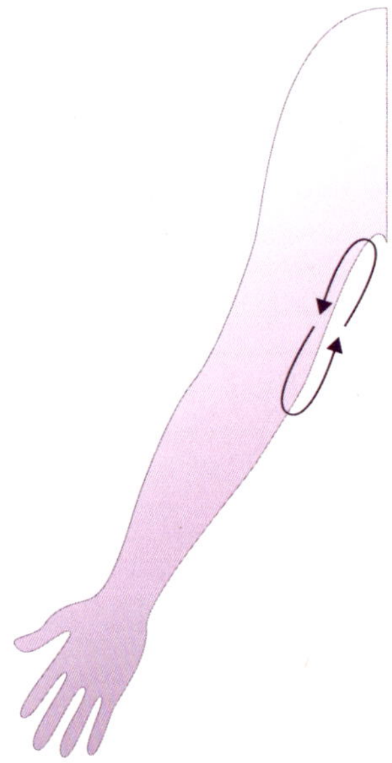

18. 팔 뒤쪽(삼두박근) 주무르기

<table>
<tr><td>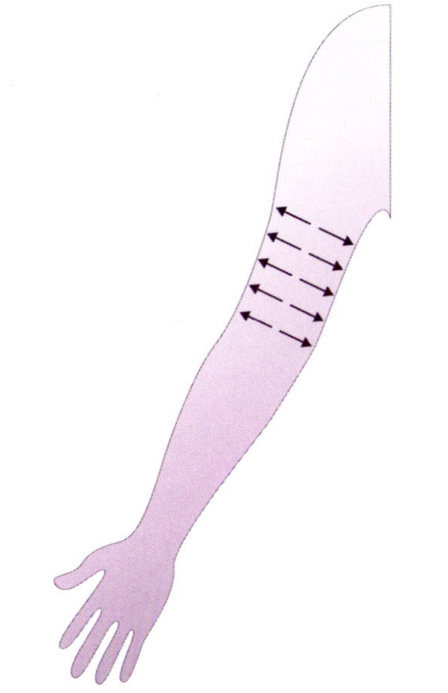</td><td></td><td>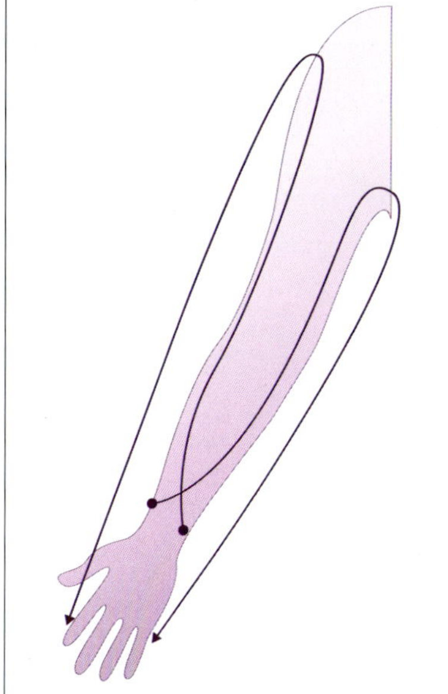</td></tr>
<tr><td>19. 상완의 앞뒤 근육을 위 아래로 손을 넣고 비벼준다.
(고객의 손을 관리사 겨드랑이에 두고)</td><td>20. ① 주먹 쥐고 ② 손날
③ 집어 주고</td><td>21. 애플라지</td></tr>
<tr><td>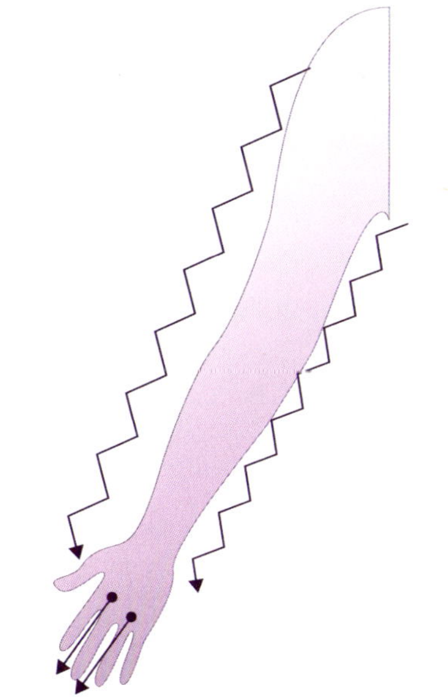</td><td>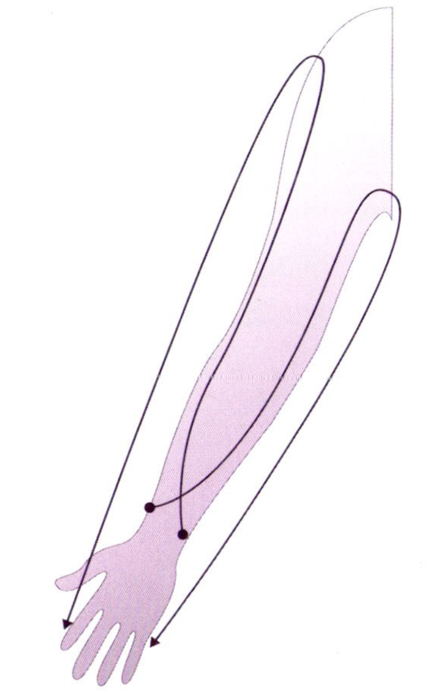</td><td>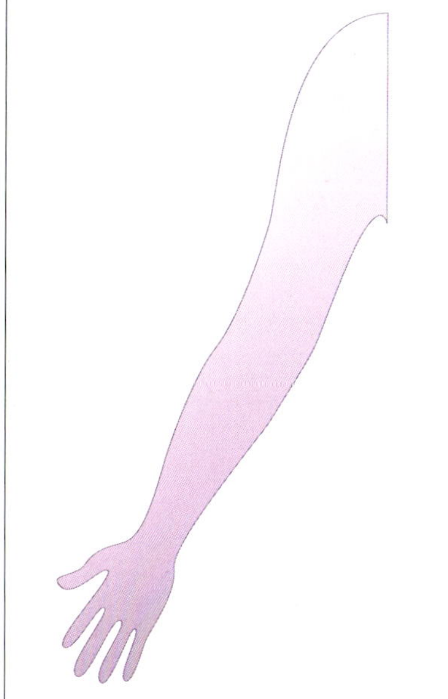</td></tr>
<tr><td>22. 바이브레이션 후 당기면서 고객 머리 위로 올라간다.</td><td>23. 고객 머리 위에서 애플라지</td><td>24. 몸 쪽으로 팔을 올려준다.</td></tr>
</table>

[손·팔 관리하기 작업과정 실습보고서 작성]

[실습 수행평가표]

손·팔 관리하기(1201010241_20v6.3)

실습자명 :

영역	평가내용	평가				
		5	4	3	2	1
실습자	피부미용사의 위생상태, 복장, 용모, 청결 상태는?					
	모든 과정을 철저하게 위생적으로 시행했나?					
	각 제품의 주요성분과 관리목적을 파악했나?					
	피부유형에 따른 제품선택이 적합한가?					
	고객에게 과정을 미리 설명하고 주의사항을 파악했나?					
	고객의 금속액세서리가 제거되었나?					
수행준거3.1	손, 팔 피부유형에 맞는 제품을 선택할 수 있다.					
수행준거3.2	손, 팔의 상태를 파악하고 목적에 맞는 매뉴얼테크닉을 구사할 수 있다.					
수행준거3.3	시간, 속도, 리듬, 밀착, 세기를 고려하여 손, 팔 매뉴얼테크닉을 구사할 수 있다.					
수행준거3.4	손끝에서 어깨견갑골까지 매뉴얼 테크닉을 적용할 수 있다.					
태도	고객을 편안하고 안정적으로 배려하는 태도					
	신체부위 노출을 삼가려는 배려심 있는 태도					
기술	쓸어서 펴 바르기 능력					
	밀착하여 펴 바르기 능력					
	어루만져 펴 바르기 능력					
	토닥토닥 펴 바르기 능력					
	떨며 펴 바르기 능력					

평가일		고객명	
평가자			

Chapter 7

신체 피부미용 전면관리 발·다리 관리하기

1. 발과 다리 피부를 파악하여 금기해야 할 관리
2. 발과 다리 피부유형에 맞는 제품 선택하기
3. 발과 다리의 상태를 파악하고 목적에 맞는 매뉴얼 테크닉 적용하기
4. 시간, 속도, 리듬, 밀착, 세기를 고려하여 발, 다리 매뉴얼 테크닉 구사하기

[전면 발·다리 매뉴얼 테크닉]

[발·다리 관리하기 작업과정 실습보고서 작성]

[실습 수행평가표]

Management Body

Chapter 7 신체 피부미용 전면관리 발·다리 관리하기

1. 발과 다리 피부를 파악하여 금기해야 할 관리

① 고객이 혈우병인 경우에는 관리하지 않는다.
② 수술 후 회복 전이나 상처가 아물지 않았을 때는 관리하지 않는다.
③ 산후 1개월 이내의 산모 및 임산부의 경우는 약한 강도의 관리만 진행한다.
④ 암환자의 경우는 전문의의 진료 후에 가능할 경우 관리한다.
⑤ 고객의 상태에 따라 힘을 조절하여 관리하며, 고객의 반응을 살펴본다.
⑥ 관리 과정이나 관리 후 몸의 반응에 대하여 고객에게 설명하여 신뢰를 가지고 관리할 수 있도록 한다.

2. 발과 다리 피부유형에 맞는 제품 선택

① 건조한 발과 다리 피부유형 : 보습을 주는 성분이 함유된 화장품류를 선택하여 관리한다.
② 셀룰라이트 발과 다리 : 사이프러스, 쥬니퍼베리, 제라늄, 로즈마리 등 셀룰라이트에 도움이 되는 화장품 성분이 함유된 오일과 크림류를 선택하여 관리한다.
③ 림프부종 발과 다리 : 캐롯시트, 사이프러스, 펜넬, 쥬니퍼베리, 제라늄, 만다린, 오렌지, 진저, 타임 등 림프부종 완화에 도움을 주는 성분이 함유된 오일과 크림류를 선택하여 관리한다.
④ 비만성 발과 다리 : 그레이프프루트, 레몬, 로즈마리, 라벤더, 쥬니퍼베리, 펜넬, 사이프러스 등 비만성 발과 다리에 도움을 주는 성분이 함유된 오일과 크림류를 선택하여 관리한다.

⑤ **혈액순환 저하 발과 다리** : 레몬, 라벤더, 마조람, 멜리사, 일랑일랑, 세이지, 타임, 로즈마리 등 혈액순환에 도움을 주는 성분이 함유된 오일과 크림류를 선택하여 관리한다.

⑥ **탄력저하 발과 다리** : 제라늄, 사이프러스, 레몬, 칼렌듈라, 윗점, 아몬드 등 근육이완된 발과 다리에 탄력을 줄 수 있는 성분이 함유된 오일과 크림류를 선택하여 관리한다.

3. 발과 다리의 상태를 파악하고 목적에 맞는 매뉴얼 테크닉 적용

① 인체의 노폐물을 제거하고 순환을 활성화 하는데 도움을 준다.

② 발과 다리에는 경혈점이 많이 분포되어 있어, 매뉴얼 테크닉에 적용 시 전신관리에 보다 효과적이다.

③ 다리선을 아름답게 해주며, 하체 라인의 탄력을 개선시켜 준다.

④ 하체 비만과, 셀룰라이트 관리 시에도 매뉴얼 테크닉은 보다 효과적으로 작용한다.

⑤ 정맥류와 순환 저하가 있는 발과 다리에도 효과적으로 작용한다.

4. 시간, 속도, 리듬, 밀착, 세기를 고려하여 발·다리 매뉴얼 테크닉 구사

① 발에서 대퇴부위까지 전면 다리 부위를 쓰다듬기 동작을 한다.

② 양손바닥으로 고객의 발등과 발바닥을 동시에 쓰다듬기 한다.

③ 고객의 발을 좌우 흔들기 한다.

④ 발등 사이사이를 깊게 쓸어주기 동작을 한 후 발등 부위를 지그재그로 문지르기 한다.

⑤ 발등과 발능 측면을 동시에 깊게 쓸어주기 동작으로 마찰한다.

⑥ 양손 바닥으로 발등을 문지르기 동작을 한다.

⑦ 발에서 대퇴부위까지 전면 다리 부위를 문지르기 동작을 한다.

⑧ 발목에서 슬개 무릎뼈 아래부분까지 깊은 밀어주기 동작을 3부위로 나누어서 한다.

⑨ 슬개 무릎뼈 윗 부분에서 대퇴부위까지 깊은 밀어주기 동작을 3부위로 나누어서 한다.

⑩ 발에서 대퇴부위까지 전면 다리 부위를 주먹을 가볍게 쥐고 문지르기 동작을 한다.
⑪ 고객의 무릎을 세우고 종아리 부위 근육을 깊게 밀어주기 동작을 한다.
⑫ 고객의 무릎을 세우고 종아리 부위 근육을 집어주기 동작을 한다.
⑬ 고객의 무릎을 세우고 종아리 부위 근육을 실습자 하완을 이용하여 문지르기를 한다.
⑭ 발에서 대퇴부위까지 전면 다리 부위를 쓰다듬기 동작을 한다.
⑮ 무릎을 가볍게 위 아래로 원을 그리며 문지르기 한다.
⑯ 무릎을 양쪽 사방에서 외측에서 내측 방향으로 엄지를 이용하여 밀어주기 동작을 한다.
⑰ 고객 대퇴부위를 바깥쪽에서 안쪽으로 쓰다듬기 동작을 한다.
⑱ 고객의 발등과 발목부위에 손을 고정하고 흔들기 동작을 한다.
⑲ 발에서 대퇴부위까지 전면 다리 부위를 쓰다듬기 동작을 한다.

[전면 발·다리 매뉴얼 테크닉]

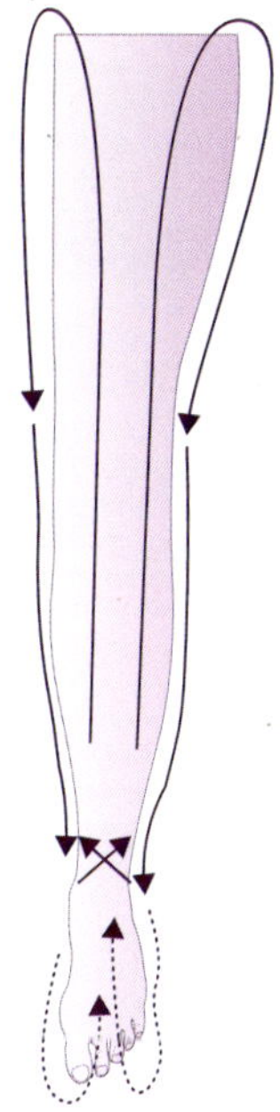	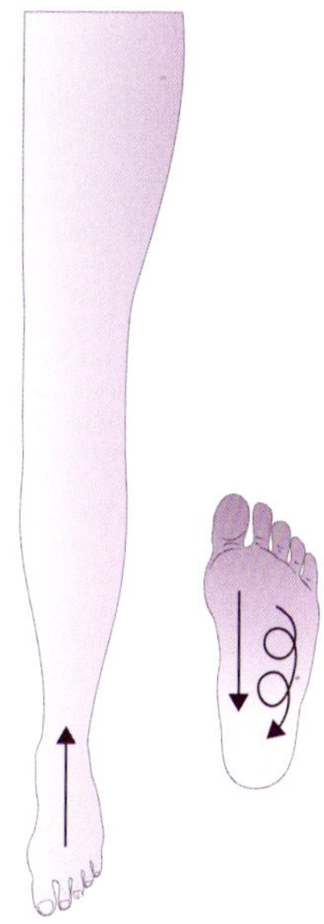	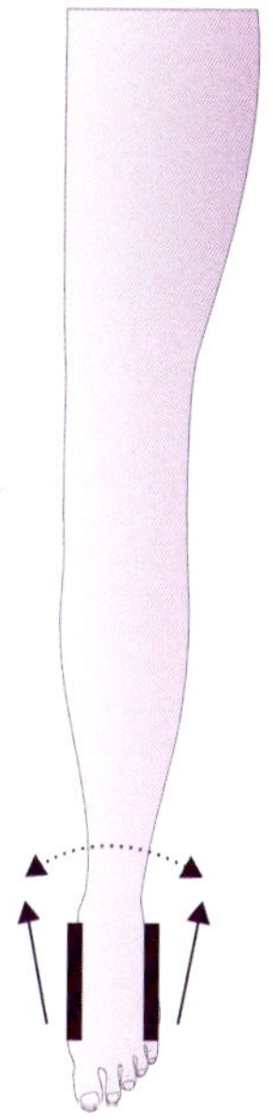
1. 애플라지	2. ① 양손바닥으로 발등 · 발바닥을 비빈다. ② 주먹 쥐고 발바닥을 위아래로 너글링 한다.	3. 좌우 슬라이딩하며 발을 좌우로 흔들기
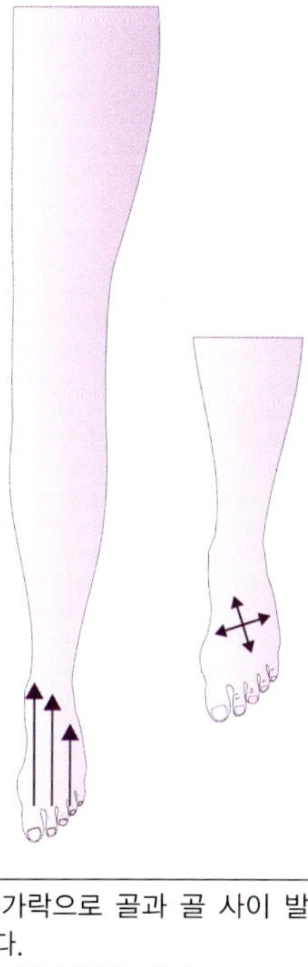	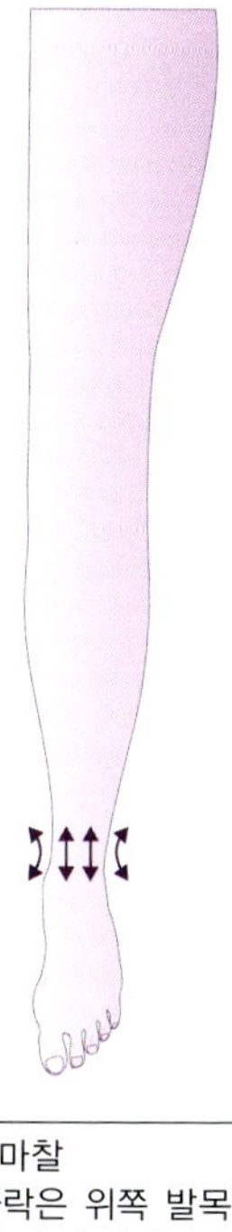	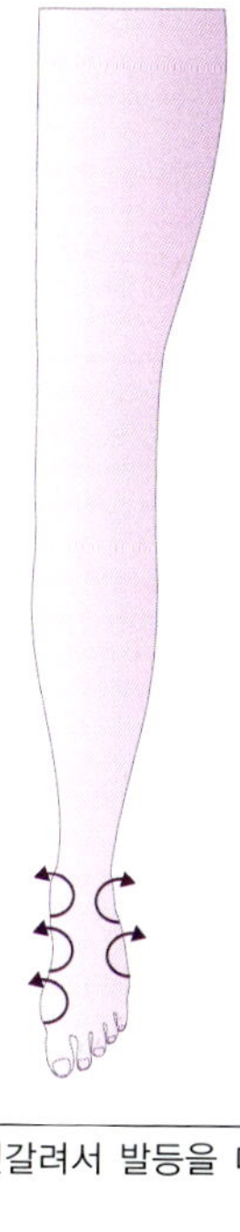
4. 엄지손가락으로 골과 골 사이 발등을 마찰한다. ① 골과 골 사이를 민다. ② 골과 골 사이를 지그재그한다.	5. 아킬레스건 마찰 양손의 네손가락은 위쪽 발목에 양손 엄지는 앞쪽 발등을 동시에 위아래로 문지른다.	6. 양손바닥 엇갈려서 발등을 마찰한다.

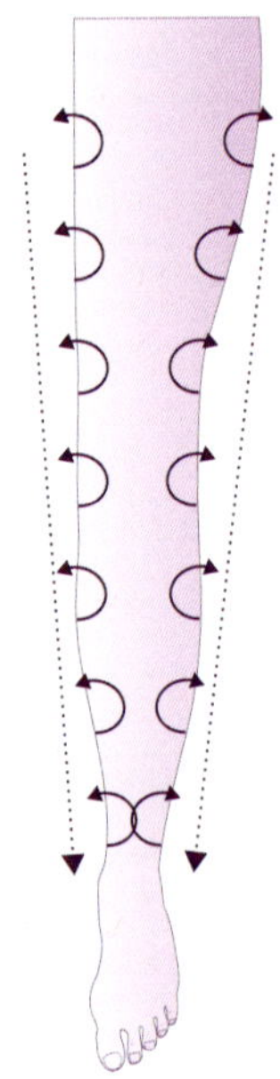	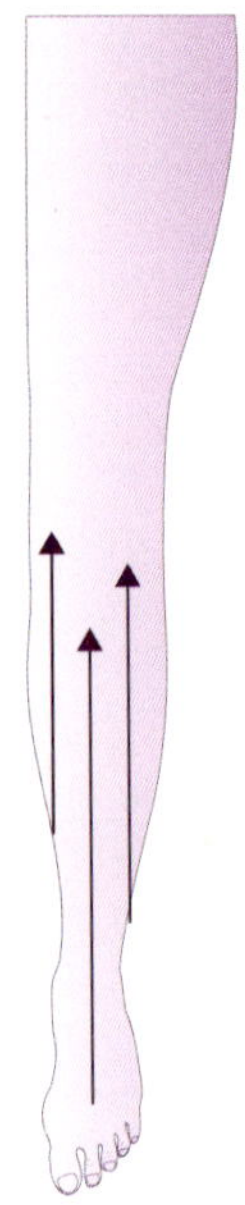	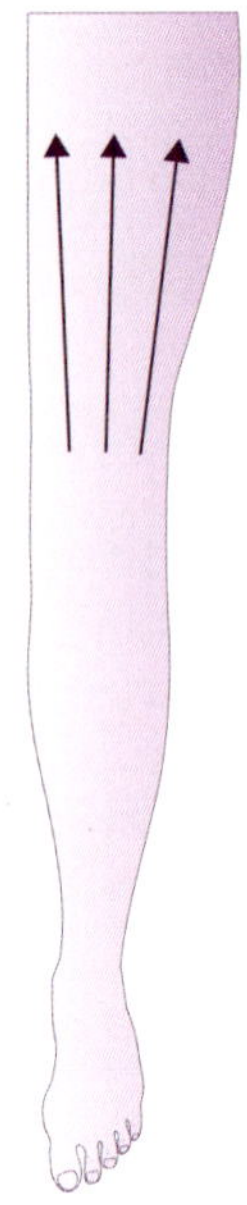
7. 양손바닥으로 원을 그리며 마찰한다. (아래에서 위로 전체)	8. ① 가운데 : 양손 엄지로 ② 왼쪽 : 왼손 2. 3. 4지+오른손 엄지 ③ 오른쪽 : 오른손 2. 3. 4지+왼손 엄지	9. ① 가운데 : 양손 엄지로 ② 왼쪽 : 왼손 2. 3. 4지+오른손 엄지 ③ 오른쪽 : 오른손 2. 3. 4지+왼손 엄지
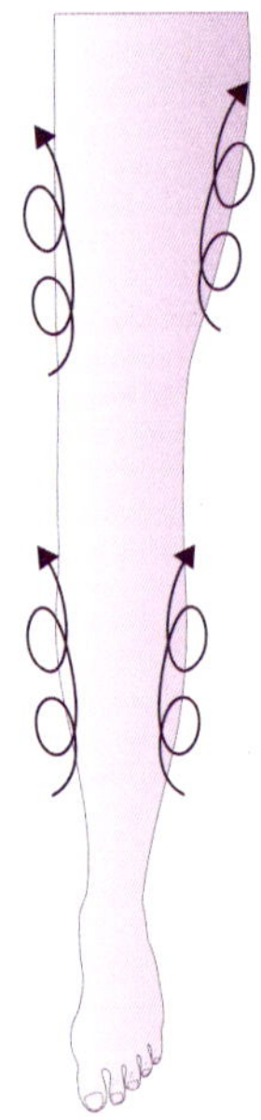	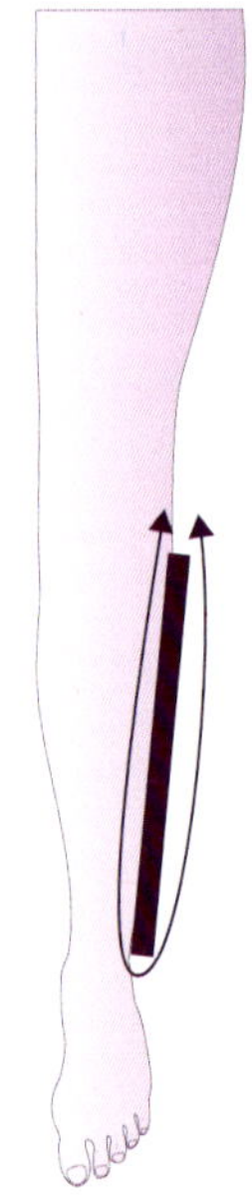	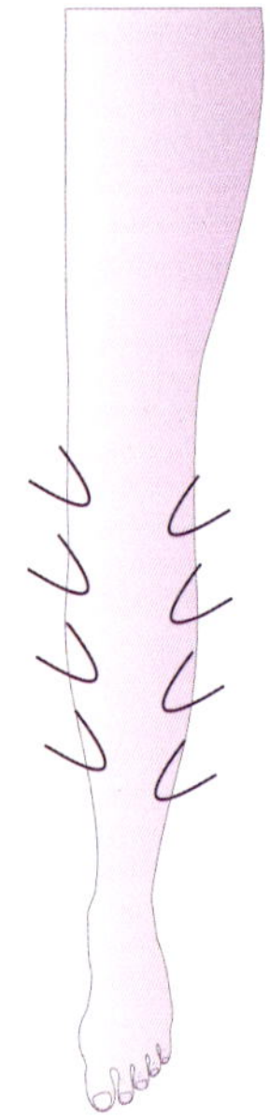
10. 주먹쥐고 양 옆면 너글링하면서 아래에서 위로 올라가기	11. 비복근 깊은 스트로킹, 무릎을 직각으로 세워 양손가락 끝으로 상하 움직임 반복하며 한 손으로 발목을 고정한다.	12. 무릎을 직각으로 세워 종아리 근육을 잡아당긴다.

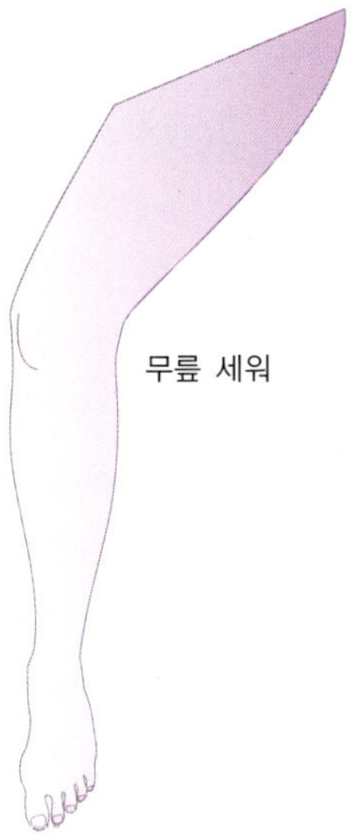

13. 주먹쥐고 팔안쪽(하완)으로 원을 그리며 비복근 자극하기, 한 손으로 발목고정, 다른 손으로 하완으로 원을 그린다.

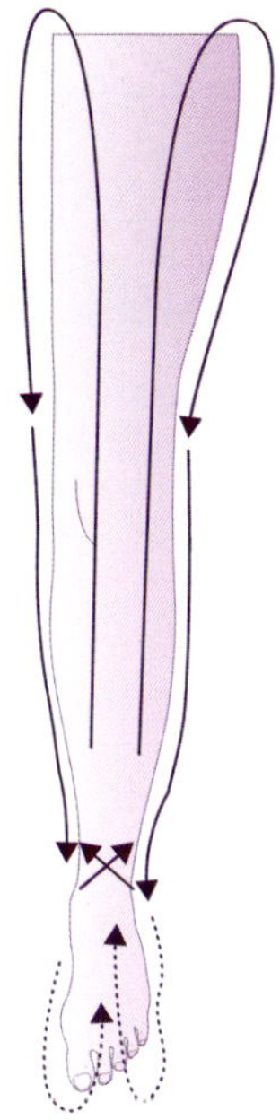

14. 애플라지

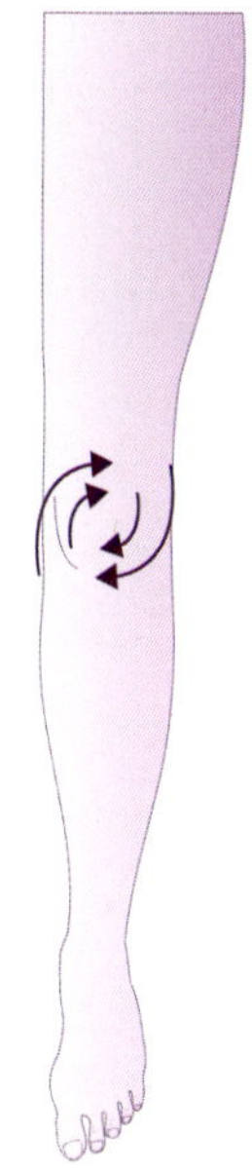

15. 무릎 서클링
양손 엄지로 슬개골 아래, 위쪽 원 그리기

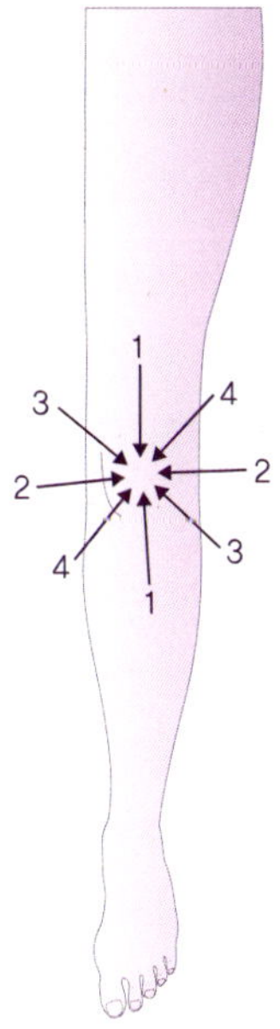

16. 슬개골 상, 하 움직이기
엄지로 안쪽으로 밀어주기

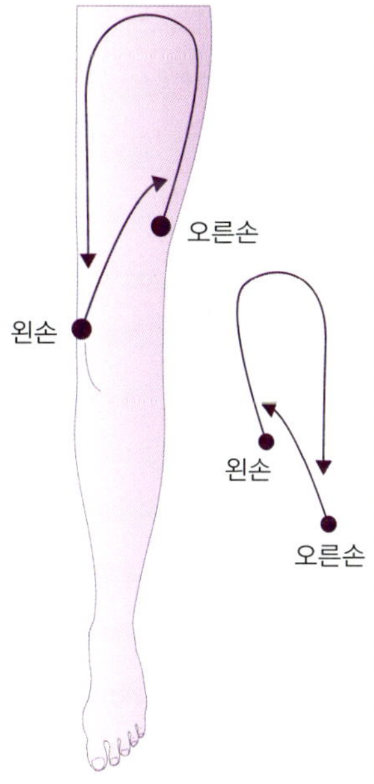

17. 양손 장딴지 애플라지
근육을 쥐어짜듯이 양손 항상 안쪽으로 크로싱

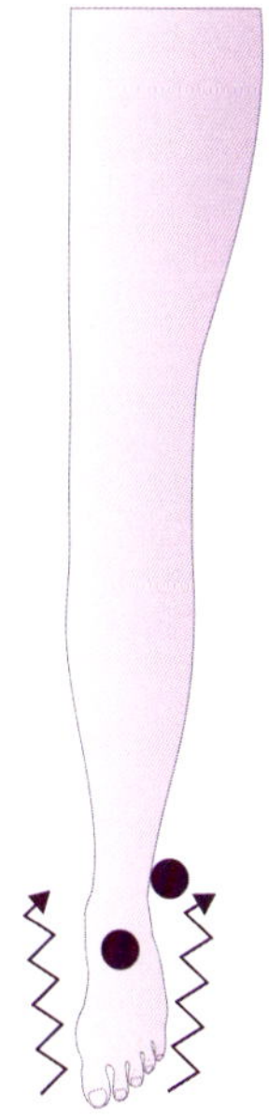

18. 한 손으로 발꿈치 고정, 다른 한 손으로 발등을 고정하여 누르고 당긴다.
(발 전체를 당기며 바이브레이션)

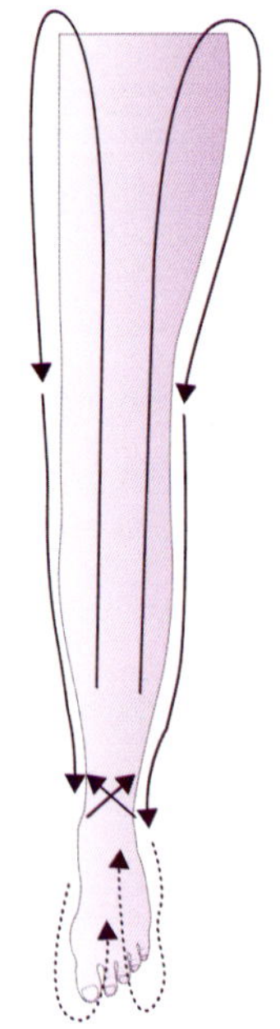

19. 애플라지

[발·다리 관리하기 작업과정 실습보고서 작성]

[실습 수행평가표]

발·다리 전면관리하기(1201010241_20v6.4)

실습자명 :

영역	평가내용	평가				
		5	4	3	2	1
실습자	피부미용사의 위생상태, 복장, 용모, 청결 상태는?					
	모든 과정을 철저하게 위생적으로 시행했나?					
	각 제품의 주요성분과 관리목적을 파악했나?					
	피부유형에 따른 제품선택이 적합한가?					
	고객에게 과정을 미리 설명하고 주의사항을 파악했나?					
	고객의 금속액세서리가 제거되었나?					
수행준거4.1	고객의 발, 다리 전면 피부를 파악하여 금기해야 할 관리를 피할 수 있다.					
수행준거4.2	발과 다리 전면 피부유형에 맞는 제품을 선택할 수 있다.					
수행준거4.3	발과 다리 전면의 상태를 파악하고 목적에 맞는 매뉴얼테크닉을 구사할 수 있다.					
수행준거4.4	시간, 속도, 리듬, 밀착, 세기를 고려하여 발, 다리 매뉴얼 테크닉을 구사할 수 있다.					
태도	고객을 편안하고 안정적으로 배려하는 태도					
	신체부위 노출을 삼가려는 배려심 있는 태도					
	고객의 반응을 살피려는 객관적 태도					
기술	쓸어서 펴 바르기 능력					
	밀착하여 펴 바르기 능력					
	어루만져 펴 바르기 능력					
	토닥토닥 펴 바르기 능력					
	떨며 펴 바르기 능력					

평가일		고객명	
평가자			

Chapter 8

신체 피부미용 후면관리
신체 후면(등) 관리하기

1. 신체후면의 피부유형에 맞는 제품 선택
2. 신체후면의 상태를 파악하고 목적에 맞는 매뉴얼 테크닉 적용
3. 시간, 속도, 리듬, 밀착, 세기를 고려하여 신체후면 매뉴얼 테크닉을 구사

[등 매뉴얼 테크닉]
[신체후면 관리하기 작업과정 실습보고서 작성]
[실습 수행평가표]

Chapter 8 신체 피부미용 후면관리 신체후면(등) 관리하기

1. 신체후면의 피부유형에 맞는 제품 선택

① 혈액순환을 도와주어야 하는 피부유형은 혈액순환에 도움을 주는 아로마 성분 및 화장품 성분이 들어간 오일을 선택한다.
② 발한 촉진 및 독소, 노폐물 배출을 도와주어야 하는 피부유형은 솔트와 함께 독소배출에 도움을 주는 아로마 성분과 화장품 성분이 들어간 제품을 선택하여 관리한다.
③ 탄력 강화가 필요한 피부유형은 탄력강화에 도움이 되는 화장품 성분이 들어간 제품을 선택하여 관리한다.
④ 보습 관리가 필요한 건조한 피부유형은 보습에 도움이 되는 화장품 성분과 보습력을 유지시켜주는 아로마 성분이 함유된 제품을 선택하여 관리한다.
⑤ 셀룰라이트가 많은 피부유형은 셀룰라이트에 효과를 줄 수 있는 화장품 성분과 아로마 성분이 함유된 제품을 선택하여 관리한다.
⑥ 지방분해가 필요한 피부유형은 지방분해에 도움을 주며, 순환촉진을 통한 배설작용을 도와줄 수 있는 화장품 성분과 아로마 성분이 함유된 제품을 선택하여 관리한다.
⑦ 근육통이 있는 피부유형은 유칼립투스, 일랑일랑, 페퍼민트, 로즈마리, 레몬, 타임 등이 함유된 제품을 선택하여 관리한다.

2. 신체후면의 상태를 파악하고 목적에 맞는 매뉴얼 테크닉 적용

① 척추를 중심으로 중추신경계가 분포되어 있어 매뉴얼 테크닉 적용 시 신경안정의 효과가 있다.
② 피곤하거나 스트레스를 받으면 경추부위와 어깨부위가 경직되므로 매뉴얼 테크닉 적용 시 개선효과가 있다.
③ 주요 경혈들이 척추 주위에 많이 분포되어 있어 인체 건강에 도움을 준다.

④ 근육이완 매뉴얼 테크닉은 경직된 등의 교정효과와 이완효과를 상승시켜 준다.
⑤ 등의 상태에 따라 강한 압과 약한 압을 조절하면서 등 관리 매뉴얼 테크닉을 적용한다.
⑥ 고객이 선호하는 압력을 선택하여 목적에 적합한 매뉴얼 테크닉을 적용한다.

3. 시간, 속도, 리듬, 밀착, 세기를 고려하여 신체후면 매뉴얼 테크닉 구사

① 양손바닥을 이용하여 둔부에서 경추를 향하여 밀착감과 속도를 조절하여 고객이 원하는 압력으로 쓰다듬기 동작을 한다.
② 허리에서 양손바닥을 이용하여 밀착감 있게 리듬감 있는 동작으로 지그재그 동작을 둔부에서 경추방향을 향하여 진행한다.
③ 실습자 위치는 고객의 머리방향에서 양손바닥을 고객의 어깨에 올려놓는다.
④ 오른손과 왼손바닥을 이용하여 번갈아 가면서 둔부를 향하여 지그재그 방법으로 쓰다듬기 동작을 진행한다.
⑤ 4번과 같은 위치에서 양손을 동시에 등을 세로로 3등분하여 깊은 스트록을 진행한다.
⑥ 고객의 손등을 고객의 등부위에 올려두고, 견갑부위를 가볍게 원을 그리며, 문지르기를 진행한 후 양 손을 번갈아 견갑부위를 밀어주기 동작을 진행한다.
⑦ 실습자 위치는 고객의 우측으로 자리한 후 둔부에서 경추를 향하여 작은 원으로 문지르기 동작을 진행한다. 동작 사이사이 가볍게 지그시 눌러주면서 진행한다.
⑧ 7번과 같은 동작은 큰 원을 그리는 문지르기 동작으로 부드럽게 연결하여 진행한다.
⑨ 둔부에서 경추까지 척추 기립근을 따라 깊은 스트록 동작을 진행한 후 좌우 상부승모근부위를 반죽하기 동작으로 주무른다.
⑩ 양손을 이용하여 목 뒷부분인 경추 주무르기 동작을 진행한다.
⑪-1 실습자 위치 고객의 머리 방향으로 이동한 후 양손을 가볍게 주먹을 쥔 후 경추선과 상부승모근을 연결하여 문지르기 동작을 진행한다.
⑪-2 11번과 같은 실습자 위치에서 경추에서 둔부를 향하여 척추기립근을 쓸어주기 동작으로 스트록 한다.
⑫ 11번과 같은 위치에서 양손을 이용하여 전거근과 광배근 부위를 반죽하기 동작으로 옆구리에서 허리라인까지 부드럽게 쓸어준다.
⑬ 11번과 같은 실습자 위치에서 경추에서 둔부까지 애플라지 동작을 진행한 후 후경부를 쓸어올려주고 가볍게 마무리한다.

[등 매뉴얼 테크닉]

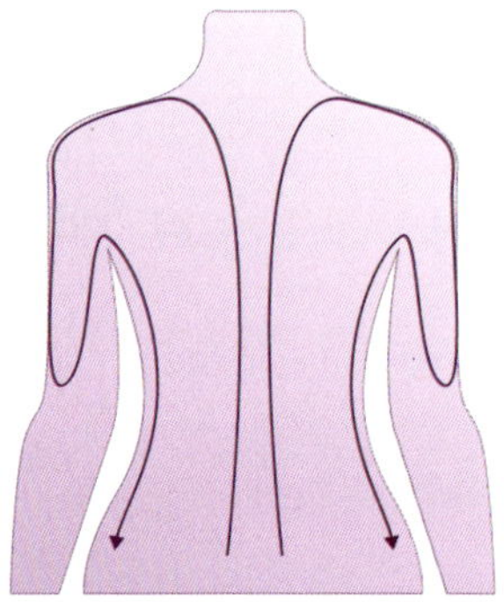

1. 손끝으로 지압 후 두손바닥을 이용해 허리선에서 출발 척추 양옆을 지나 어깨까지 올라가서 옆구리를 타고 내려온다.

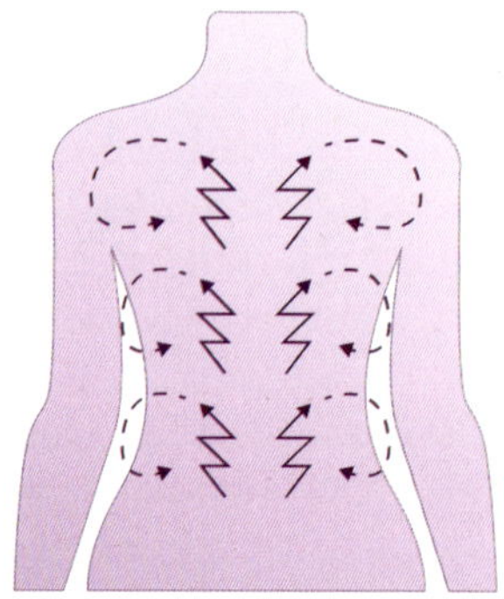

2. 허리에서 지그재그 방법으로 손바닥을 컵핑하여 어깨까지 올라간다.

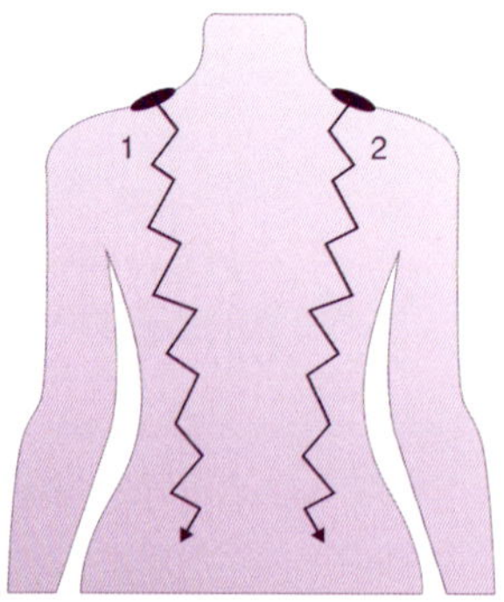

3. 손바닥 끝으로 어깨근육을 밀듯이 지압 후 허리까지 컵핑하여 지그재그 방법으로 내려온다. (고객머리 앞에서) (왼쪽1 오른쪽1)

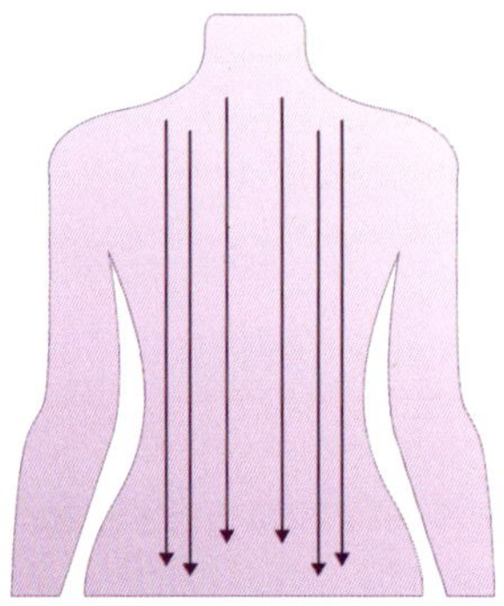

4. 손끝으로 어깨근육 앞쪽 지압 후 수직으로 밀며 허리까지 내려온다. (양손같이 앞 · 중 · 끝부분)

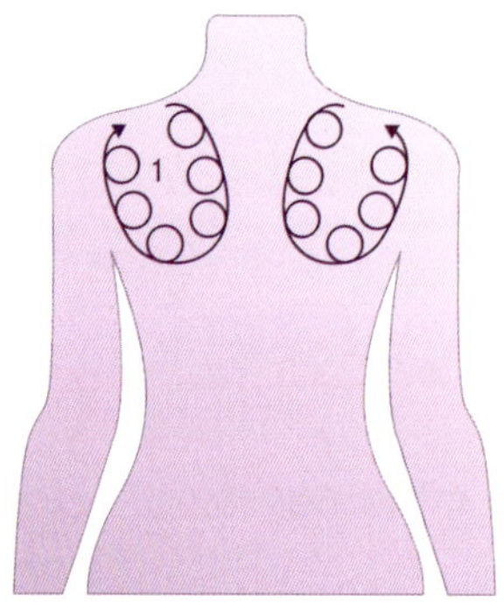

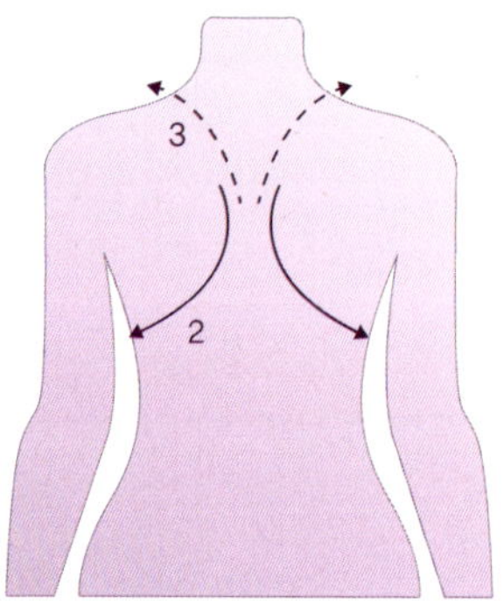

5. (고객 손 허리)
① 견갑골 원 그려서 견갑골 지압 ② 견갑골 밀어주기
③ 상부승모근 밀어주기(왼쪽 실시한 후 오른쪽 실시)

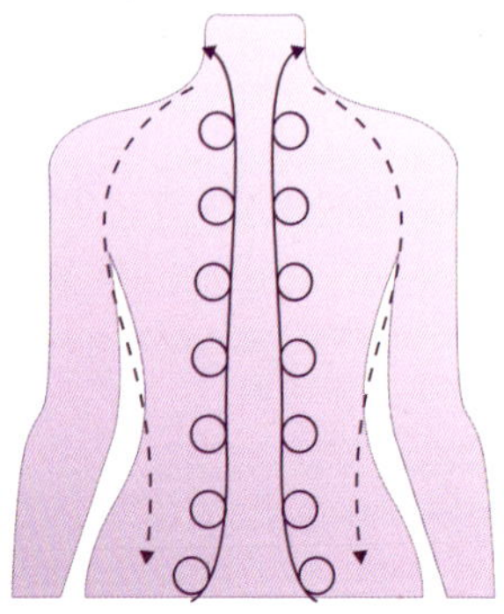

7. (고객옆으로) 손끝으로 원 그리고 지압하며 어깨까지 올라가기

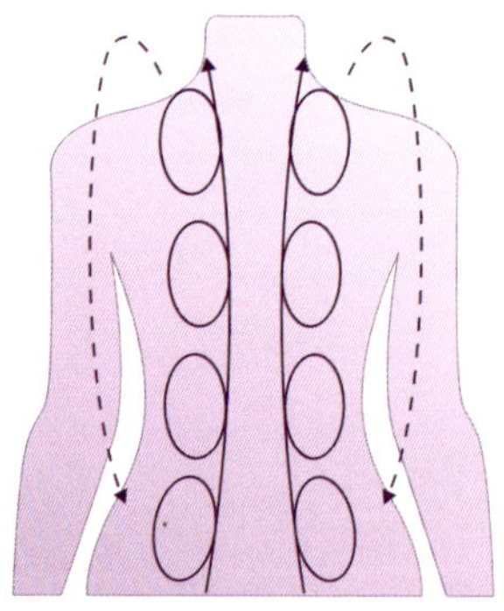

8. 허리에서 어깨까지 손바닥을 이용하여 원을 그리면서 올라간다.

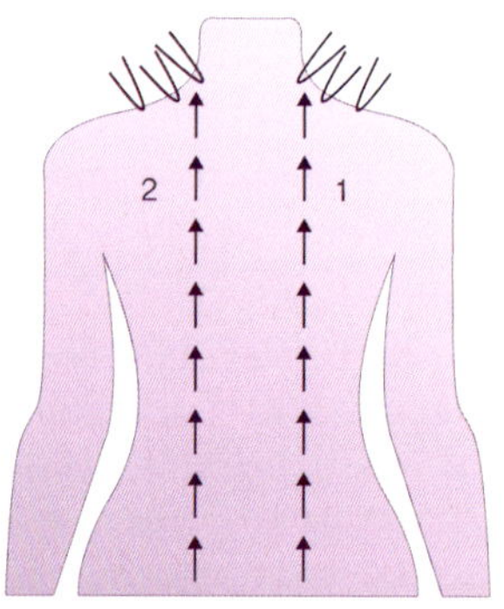

9. 허리에서 수직으로 어깨까지 올라가 양어깨 목선을 따라 쥐었다 풀었다 마사지 한다. (왼쪽1 오른쪽1)

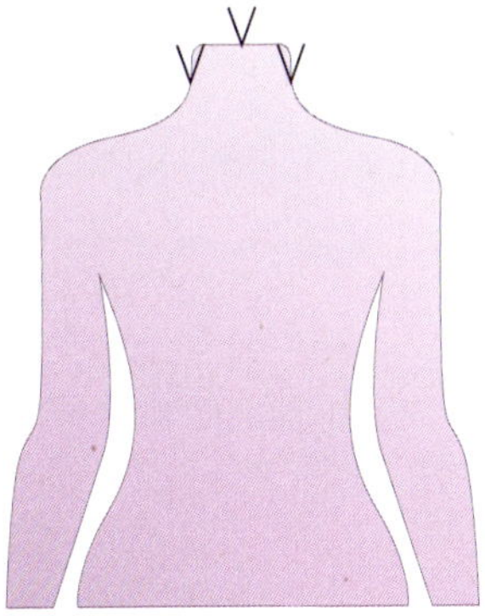	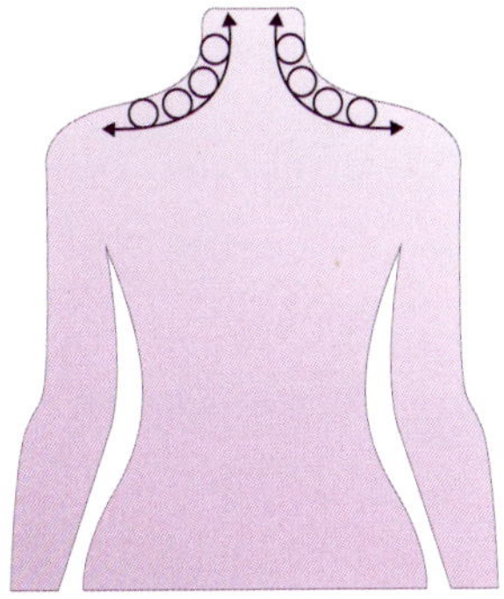	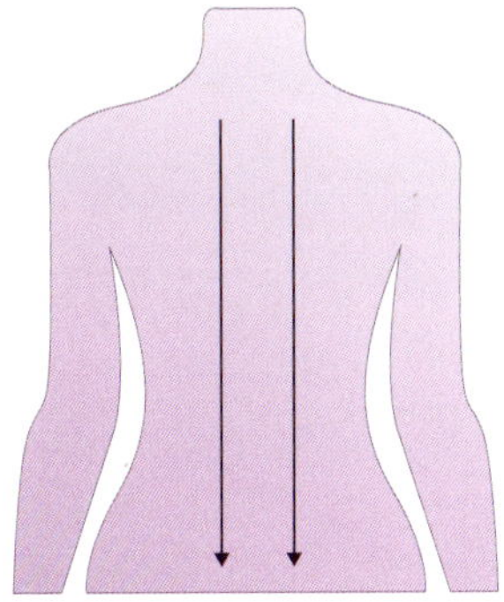
10. 후경부 집어주기(목덜미)를 실시한다.	11. ① 주먹쥐고 상부승모근 밀어주기 ② 척추기립근 중심으로 밀어준다. (3회 반복)	
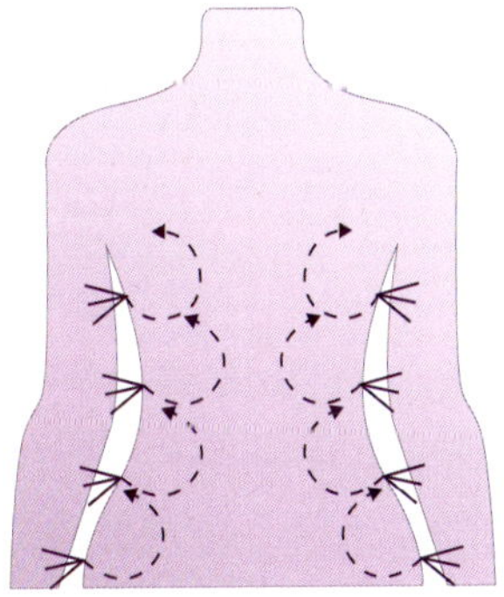	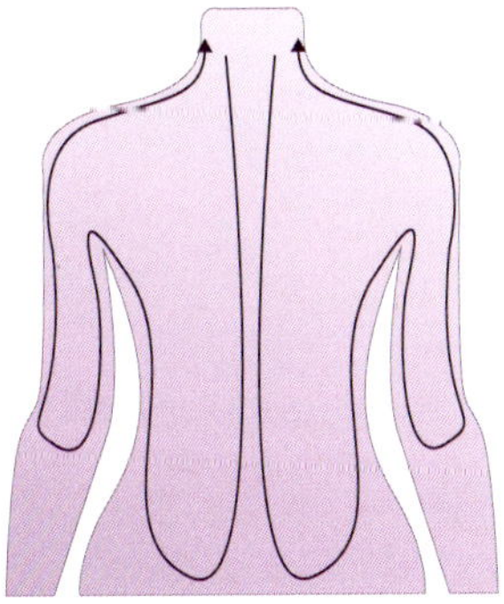	
12. 옆구리살을 양손으로 쥐었다 풀었다 마사지한 뒤 등쪽으로 쓸어간다. (겨드랑이에서 허리까지)	13. 애플라지로 하면서 후경부 쓸어주고 검지로 압하여 마무리한다.	

[신체후면 관리하기 작업과정 실습보고서 작성]

[실습 수행평가표]

신체후면 관리하기(1201010242_20v6.1)

실습자명 :

영역	평가내용	평가				
		5	4	3	2	1
실습자	피부미용사의 위생상태, 복장, 용모, 청결 상태는?					
	모든 과정을 철저하게 위생적으로 시행했나?					
	각 제품의 주요성분과 관리목적을 파악했나?					
	피부유형에 따른 제품선택이 적합한가?					
	고객에게 과정을 미리 설명하고 주의사항을 파악했나?					
	고객의 금속액세서리가 제거되었나?					
수행준거1.1	신체후면의 피부유형에 맞는 제품을 선택할 수 있다.					
수행준거2.2	신체후면의 상태를 파악하고 목적에 맞는 매뉴얼 테크닉을 적용할 수 있다.					
수행준거3.3	시간, 속도, 리듬, 밀착, 세기를 고려하여 신체후면 매뉴얼 테크닉을 구사할 수 있다.					
태도	고객을 편안하고 안정적으로 배려하는 태도					
	신체부위 노출을 삼가려는 배려심 있는 태도					
기술	쓸어서 펴 바르기 능력					
	밀착하여 펴 바르기 능력					
	어루만져 펴 바르기 능력					
	토닥토닥 펴 바르기 능력					
	떨며 펴 바르기 능력					

평가일		고객명	
평가자			

Chapter 9

신체 피부미용 후면관리 둔부 관리하기

1. 둔부상태 파악
2. 둔부상태와 피부유형에 맞는 제품 선택
3. 둔부관리 목적에 맞는 매뉴얼 테크닉 적용
4. 시간, 속도, 리듬, 밀착, 세기를 고려하여 둔부 매뉴얼 테크닉 구사

[둔부 매뉴얼 테크닉]
[둔부 관리하기 작업과정 실습보고서 작성]
[실습 수행평가표]

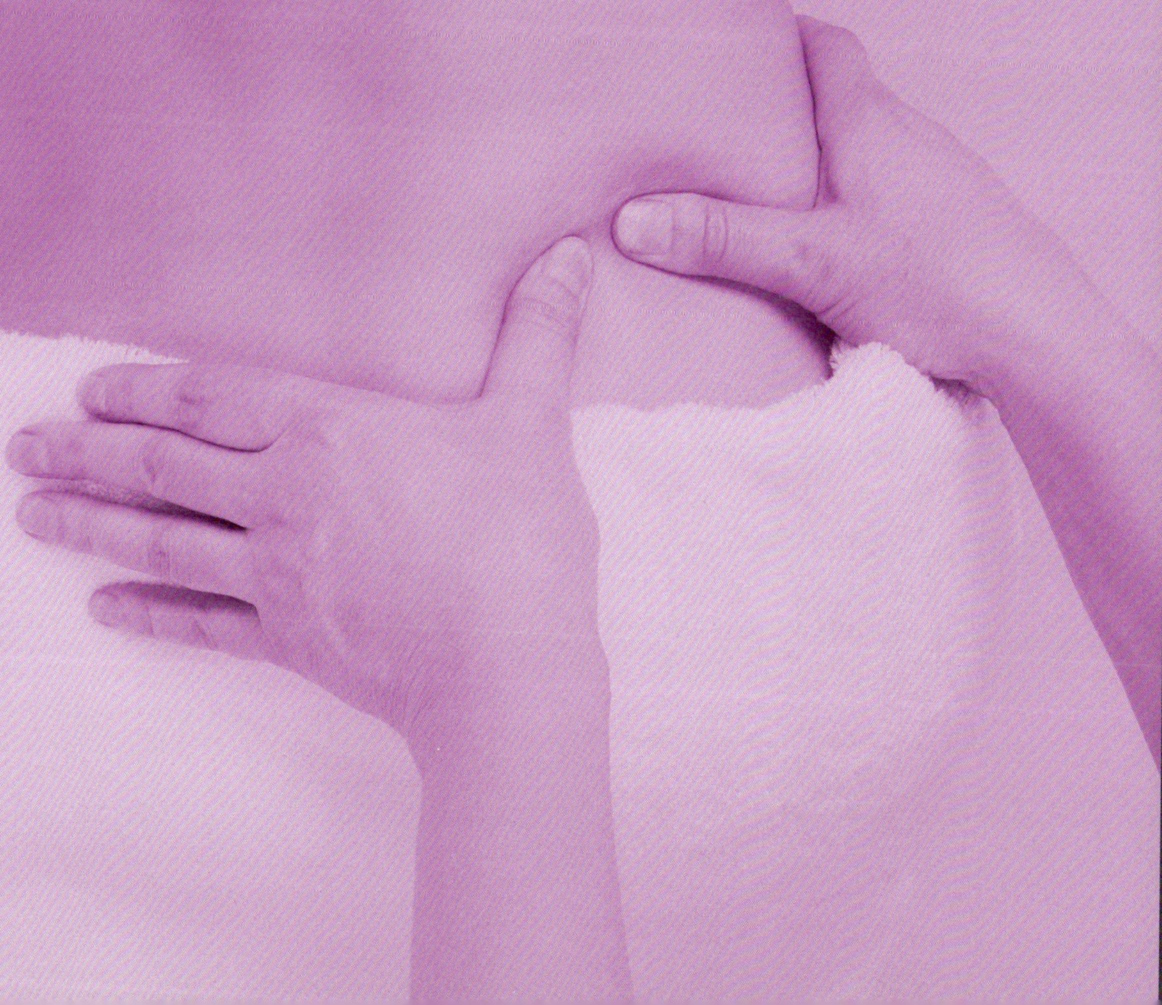

Management Body

Chapter 9 신체 피부미용 후면관리 둔부 관리하기

1. 둔부상태 파악

① 수술 후 회복 전이나 상처가 아물지 않았을 때는 하지 않는다.

② 고객의 상태에 따라 힘을 조절하여 관리하며, 고객의 반응을 살펴본다.

③ 혈액순환을 도와주어야 하는 피부유형은 혈액순환에 도움이 되는 제품을 선택한다.

④ 발한 촉진 및 독소, 노폐물 배출을 도와주어야 하는 피부유형은 도움이 되는 제품을 선택한다.

⑤ 탄력 강화가 필요한 피부유형은 탄력 강화에 도움이 되는 화장품 성분이 들어간 제품을 선택하여 관리한다.

⑥ 보습 관리가 필요한 건조한 피부유형은 보습에 도움이 되는 제품을 선택한다.

⑦ 지방분해가 필요한 피부유형은 지방분해에 도움을 주며, 순환촉진을 통한 배설작용에 도움이 되는 화장품 성분이 들어간 제품을 선택하여 관리한다.

2. 둔부상태와 피부유형에 맞는 제품 선택

① 건조한 둔부 : 보습을 주는 성분이 함유된 화장품류를 선택하여 관리한다.

② 셀룰라이트 둔부 : 사이프러스, 쥬니퍼베리, 제라늄, 로즈마리 등 셀룰라이트에 도움이 되는 화장품 성분이 함유된 오일과 크림류를 선택하여 관리한다.

③ 처진 둔부 : 제라늄, 사이프러스, 레몬, 칼렌듈라, 윗점, 아몬드 등 근육이완 된 둔부에 탄력을 줄 수 있는 성분이 함유된 오일과 크림류를 선택하여 관리한다.

④ 비만성 둔부 : 그레이프프루트, 레몬, 로즈마리, 라벤더, 쥬니퍼베리, 펜넬, 사이프러스 등 비만성 발과 다리에 도움을 주는 성분이 함유된 오일과 크림류를 선택하여 관리한다.

⑤ **혈액순환 저하 둔부** : 레몬, 라벤더, 마조람, 멜리사, 일랑일랑, 세이지, 타임, 로즈마리 등 혈액순환에 도움을 주는 성분이 함유된 오일과 크림류를 선택하여 관리한다.

⑥ **독소 및 노폐물 배출을 도와주어야 하는 둔부** : 발한 촉진 및 독소, 노폐물 배출을 도와주어야 하는 피부유형은 솔트 및 독소 배출에 도움을 주는 아로마 성분과 화장품 성분이 들어간 제품을 선택하여 관리한다.

⑦ **근육경직이 있는 둔부** : 근육통이 있는 피부유형은 유칼립투스, 일랑일랑, 페퍼민트, 로즈마리, 레몬, 타임 등이 함유된 제품을 선택하여 관리한다.

3. 시간, 속도, 리듬, 밀착, 세기를 고려하여 둔부 매뉴얼 테크닉 구사

① 대둔근 부분을 펴서 둔부부위 문지르기 3회 반복, 엉덩이 옆선을 잘 쓸어 올려준다.

② 중둔근 부분을 부드럽게 문지르기 하면서 눌러준다. 3회 반복

③ 둔부부위를 옆부분, 가운데, 윗 부분으로 나누어서 양손을 이용하여 주무르기 한다.

④ 둔부 옆선, 사선으로 아랫부분, 위쪽 아랫부분으로 3등분으로 나누어서 양 엄지를 이용하여 튕겨주기 동작을 한다.

⑤ 3~4번 동작을 반대편 둔부부위에 적용한다.

⑥ 천골부위를 아래에서 윗 부분으로 4등분으로 나누어서 누르기 한다. 3회 반복

⑦ 둔부부위를 가볍게 쓰다듬기 한다. 3회 반복

[둔부 매뉴얼 테크닉]

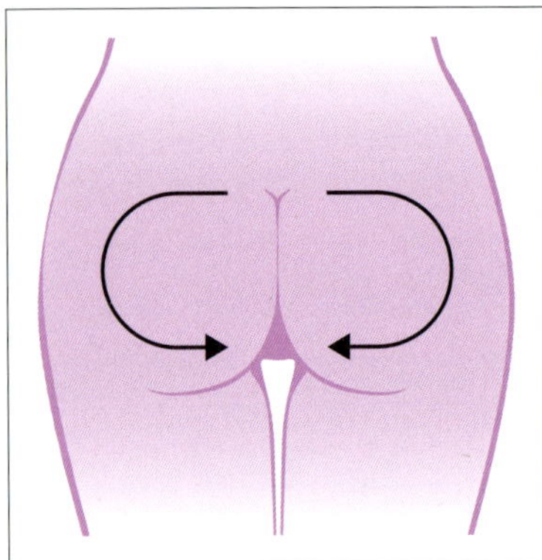

1. 쓰다듬기
대둔근 부분을 펴서 둔부부위 문지르기 3회 반복, 엉덩이 옆선을 잘 쓸어 올려준다.

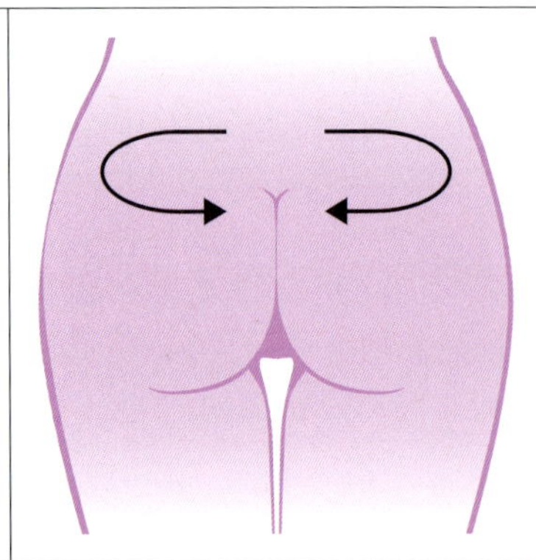

2. 중둔근 부분을 부드럽게 문지르기 하면서 눌러준다. 3회 반복

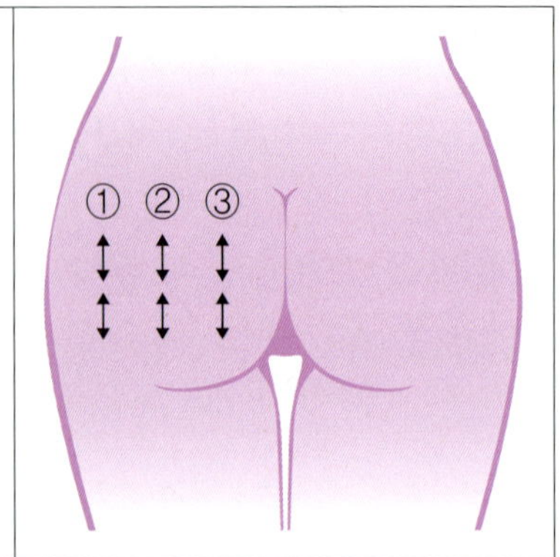

3. 둔부부위 주무르기
둔부부위를 옆부분, 가운데, 윗 부분으로 나누어서 양손을 이용하여 주무르기 한다.

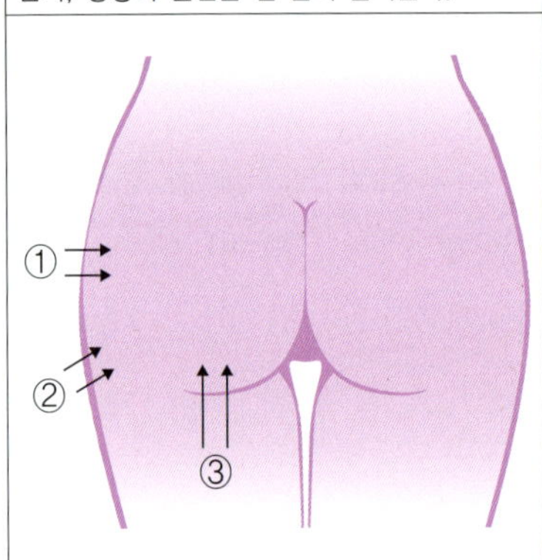

4. 둔부부위 가볍게 양손 번갈아 튕겨주기
둔부 옆선, 사선으로 아랫부분, 위쪽 아랫부분으로 3등분으로 나누어서 양 엄지를 이용하여 튕겨주기 동작을 한다.

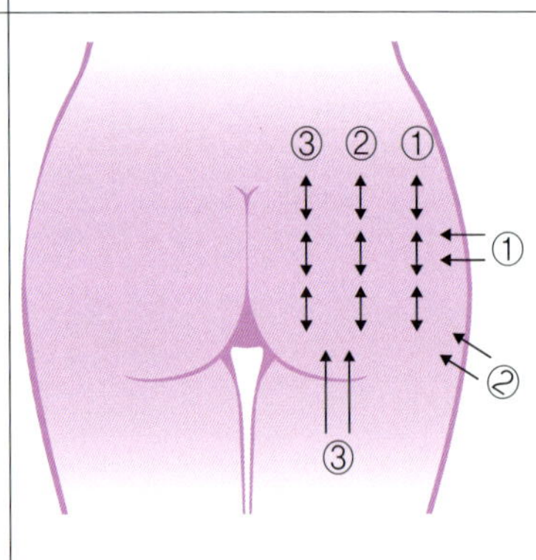

5. 3~4번 동작을 반대편 둔부부위에 적용한다.

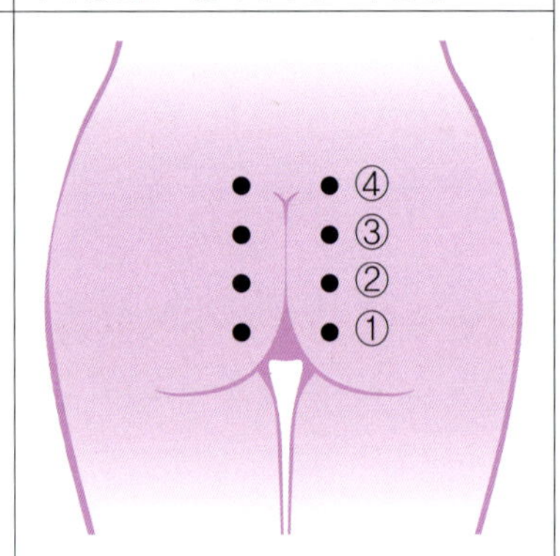

6. 천골부위 가볍게 누르기
천골부위를 아래에서 윗부분으로 4등분으로 나누어서 누르기 한다. 3회 반복

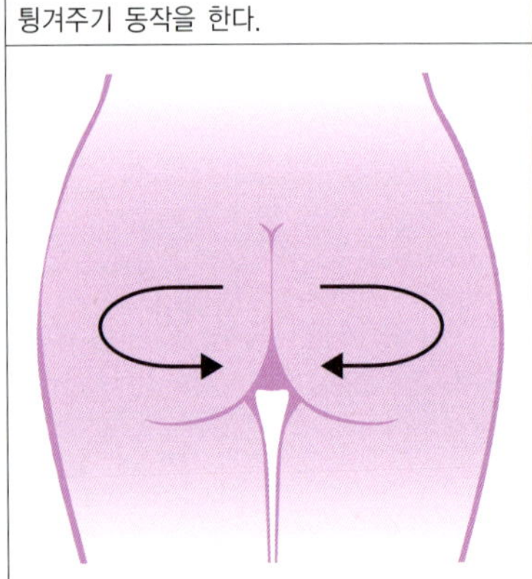

7. 둔부부위 쓰다듬기
둔부부위를 가볍게 쓰다듬기 한다. 3회 반복

[둔부 관리하기 작업과정 실습보고서 작성]

[실습 수행평가표]

둔부관리하기(1201010242_20v6.2)

실습자명 :

영역	평가내용	평가				
		5	4	3	2	1
실습자	피부미용사의 위생상태, 복장, 용모, 청결 상태는?					
	모든 과정을 철저하게 위생적으로 시행했나?					
	각 제품의 주요성분과 관리목적을 파악했나?					
	피부유형에 따른 제품선택이 적합한가?					
	고객에게 과정을 미리 설명하고 주의사항을 파악했나?					
	고객의 금속액세서리가 제거되었나?					
수행준거2.1	둔부상태를 파악할 수 있다.					
수행준거2.2	둔부상태와 피부유형에 맞는 제품을 선택할 수 있다.					
수행준거2.3	둔부관리 목적에 맞는 매뉴얼 테크닉을 적용할 수 있다.					
수행준거2.4	시간, 속도, 리듬, 밀착, 세기를 고려하여 둔부 매뉴얼 테크닉을 구사할 수 있다.					
태도	고객을 편안하고 안정적으로 배려하는 태도					
	신체부위 노출을 삼가려는 배려심 있는 태도					
기술	쓸어서 펴 바르기 능력					
	밀착하여 펴 바르기 능력					
	어루만져 펴 바르기 능력					
	토닥토닥 펴 바르기 능력					
	떨며 펴 바르기 능력					

평가일		고객명	
평가자			

Chapter 10

신체 피부미용 후면관리
발 · 다리 후면관리하기

1. 발과 다리 피부를 파악하여 금기해야 할 관리
2. 발과 다리 피부유형에 맞는 제품 선택
3. 발과 다리의 상태를 파악하고 목적에 맞는 매뉴얼 테크닉 적용
4. 시간, 속도, 리듬, 밀착, 세기를 고려하여 발, 다리 매뉴얼 테크닉 구사

[발·다리 후면 매뉴얼 테크닉]
[발·다리 관리하기 작업과정 실습보고서 작성]
[실습 수행평가표]

Chapter 10

Management Body

Chapter 10 신체 피부미용 후면관리 발·다리 후면 관리하기

1. 발과 다리 피부를 파악하여 금기해야 할 관리

① 고객이 혈우병인 경우에는 관리하지 않는다.
② 수술 후 회복 전이나 상처가 아물지 않았을 때는 하지 않는다.
③ 산후 1개월 이내의 산모 및 임산부의 경우는 약한 강도의 관리만 진행한다.
④ 암환자의 경우는 전문의와 상담 후에 가능한 경우 관리한다.
⑤ 고객의 상태에 따라 힘을 조절하여 관리하며, 고객의 반응을 살펴본다.
⑥ 관리 과정이나 관리 후 몸의 반응에 대하여 고객에게 설명하여 신뢰를 가지고 관리할 수 있도록 한다.

2. 발과 다리 피부유형에 맞는 제품 선택

① 건조한 발과 다리 : 보습을 주는 성분이 함유된 화장품류를 선택하여 관리한다.
② 셀룰라이트 발과 다리 : 사이프러스, 쥬니퍼베리, 제라늄, 로즈마리 등 셀룰라이트에 도움이 되는 화장품 성분이 함유된 오일과 크림류를 선택하여 관리한다.
③ 림프부종 발과 다리 : 캐롯시트, 사이프러스, 펜넬, 쥬니퍼베리, 제라늄, 만다린, 오렌지, 진저, 타임 등 림프부종 완화에 도움을 주는 성분이 함유된 오일과 크림류를 선택하여 관리한다.
④ 비만성 발과 다리 : 그레이프프루트, 레몬, 로즈마리, 라벤더, 쥬니퍼베리, 펜넬, 사이프러스 등 비만성 발과 다리에 도움을 주는 성분이 함유된 오일과 크림류를 선택하여 관리한다.
⑤ 혈액순환 저하 발과 다리 : 레몬, 라벤더, 마조람, 멜리사, 일랑일랑, 세이지, 타임, 로즈마리 등 혈액순환에 도움을 주는 성분이 함유된 오일과 크림류를 선택하여 관리한다.
⑥ 탄력 저하 발과 다리 : 제라늄, 사이프러스, 레몬, 칼렌듈라, 윗점, 아몬드 등 근육이 완 된 발과 다리에 탄력을 줄 수 있는 성분이 함유된 오일과 크림류를 선택하여 관리한다.

3. 발과 다리의 상태를 파악하고 목적에 맞는 매뉴얼 테크닉 적용

① 인체의 노폐물을 제거하고 순환을 활성화 하는데 도움을 준다.
② 발과 다리에는 경혈점이 많이 분포되어 있어 매뉴얼 테크닉 적용 시 전신관리에 보다 효과적이다.
③ 다리선을 아름답게 해주며, 하체 라인의 탄력을 개선시켜 준다.
④ 하체 비만과, 셀룰라이트 관리 시에도 매뉴얼 테크닉은 보다 효과적으로 작용한다.
⑤ 정맥류와 순환 저하가 있는 발과 다리에도 보다 효과적으로 작용한다.

4. 시간, 속도, 리듬, 밀착, 세기를 고려하여 발·다리 매뉴얼 테크닉 구사

① 발에서 둔부까지 후면 다리부위를 쓰다듬기 동작을 한다.
② 양손을 번갈아 가며 파도 애플라지 동작으로 발에서 둔부까지 후면다리 부위를 쓰다듬기 동작을 한다.
③ 발에서 둔부까지 후면 다리부위를 주무르기 동작을 한다.
④ 발목에서 슬와부위(무릎 뒤 부위) 아랫 부분까지 깊은 밀어주기 동작을 3부위로 나누어서 한다.
⑤ 슬와부위(무릎 뒤 부위) 윗 부분부터 둔부 아래 부위까지 깊은 밀어주기 동작을 3부위로 나누어서 한다.
⑥ 슬와부위(무릎 뒤 부위)를 원 그리기 동작과 지그재그 동작으로 문지르기 동작을 한다.
⑦ 발에서 둔부까지 후면 다리부위를 쓰다듬기 동작을 한다.
⑧ 발에서 둔부까지 후면 다리부위를 양손을 번갈아가며 문지르기 동작을 한다.
⑨ 발에서 둔부까지 후면 다리부위를 흔들어주기(바이브레이션) 동작을 한다.
⑩ 고객의 발 뒷 부분인 아킬레스건을 가볍게 문지르기 한다.
⑪ 고객의 발 뒤꿈치를 문지르기 한다.
⑫ 고객의 발바닥과 발등을 스트레칭 한다.
⑬ 고객의 발바닥을 주먹을 쥐고 가볍게 마찰한다.

⑭ 고객의 발바닥을 양손 엄지를 이용하여 깊게 쓸어주기 동작을 한다.
⑮ 고객의 발가락부위를 마찰한다.
⑯ 고객의 발가락을 회전한다.
⑰ 발에서 둔부 아래까지 후면 다리부위를 쓰다듬기 동작을 한다.

[발·다리 후면 매뉴얼 테크닉]

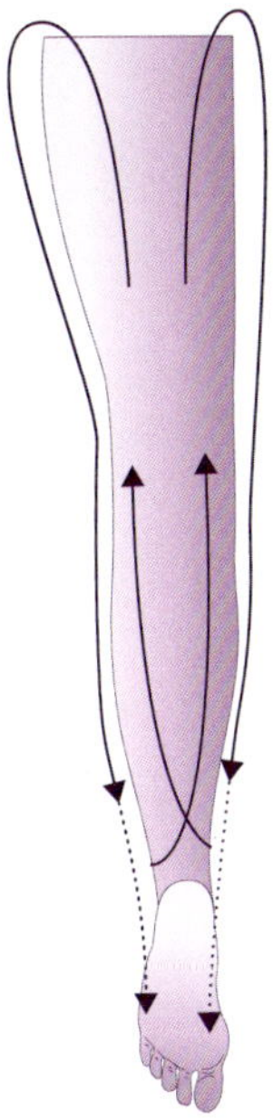	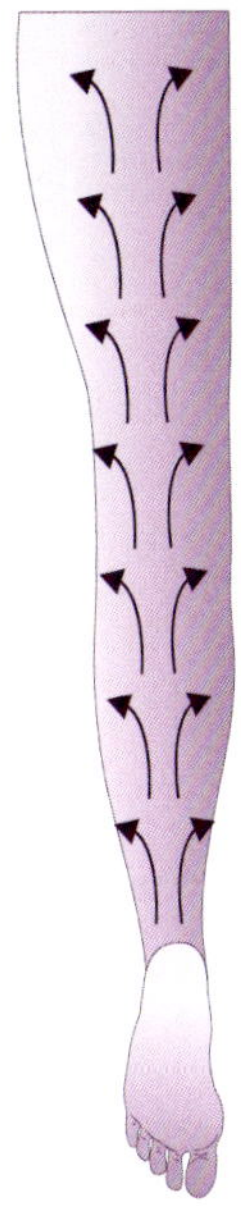	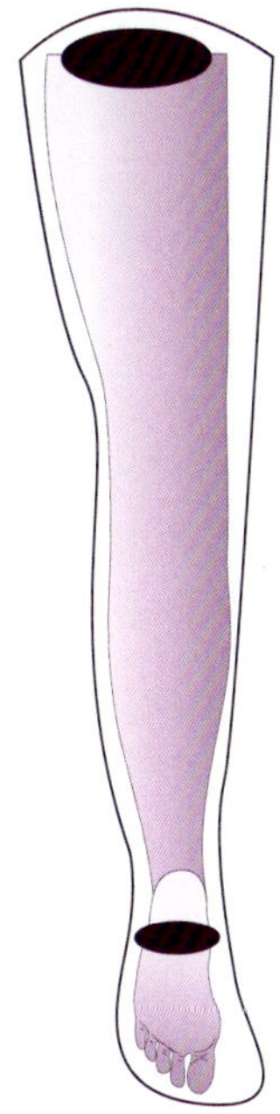
1. 애플라지로 크린싱한다. (발바닥 너글링으로, 뒷꿈치 러빙)	2. 반원을 그리며 크린싱한다.	3. 골반뼈와 발바닥을 밀면서 스트레칭한다. (온습포)
	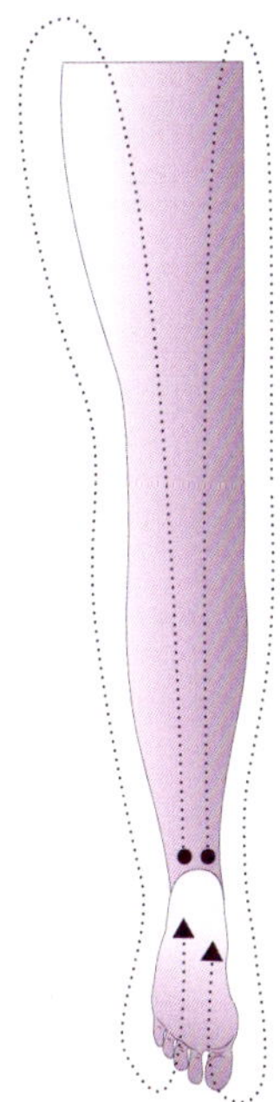	
4. 습포 편상태에서 위에서부터 닦는다.	5. 바깥쪽 면을 닦고, 안쪽 면을 닦는다.	

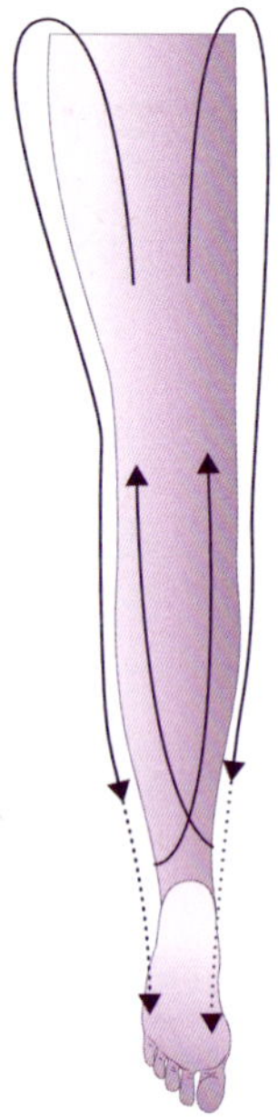

1. 애플라지하면서 오일을 바른다.
발꿈치→위로 올라가서→양옆을 쓸고
내려와→발바닥, 발등 순서로

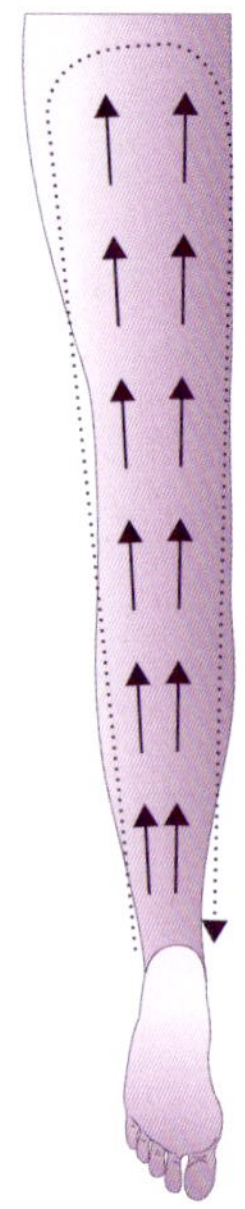

2. 파도 애플라지 왼손 오른손 번갈아 밀고
가면서 위로 올라갔다 내려온다.

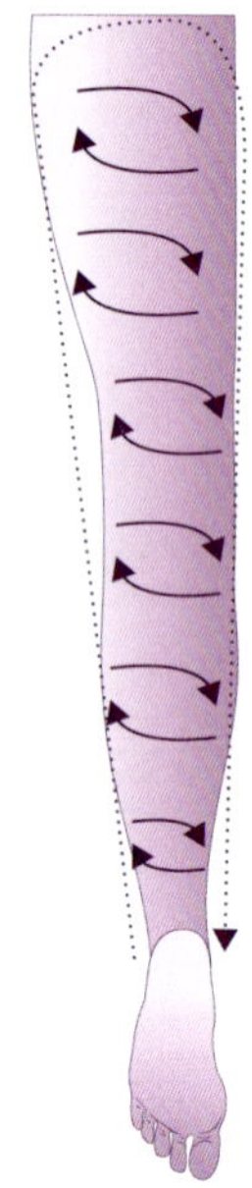

3. 맞잡듯이 안쪽과 바깥쪽 주무르면서
위로 갔다 내려온다.

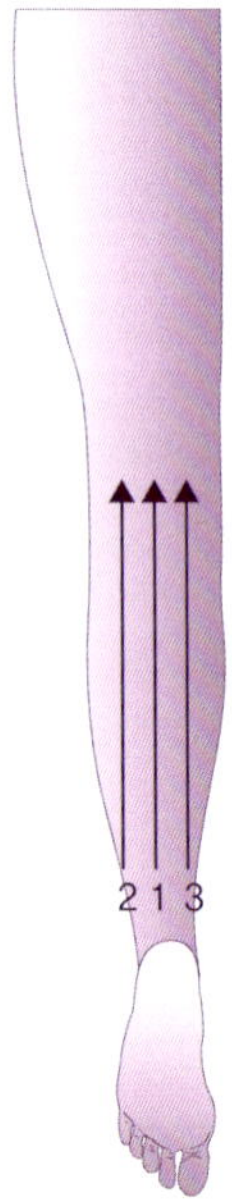

4. ① 가운데 : 양손 엄지로
② 왼쪽 : 왼손 2. 3. 4지+오른손엄지
③ 오른쪽 : 오른손 2. 3. 4지+왼손엄지

5. ① 가운데 : 양손 엄지로
② 왼쪽 : 왼손 2. 3. 4지+오른손엄지
③ 오른쪽 : 오른손 2. 3. 4지+왼손엄지

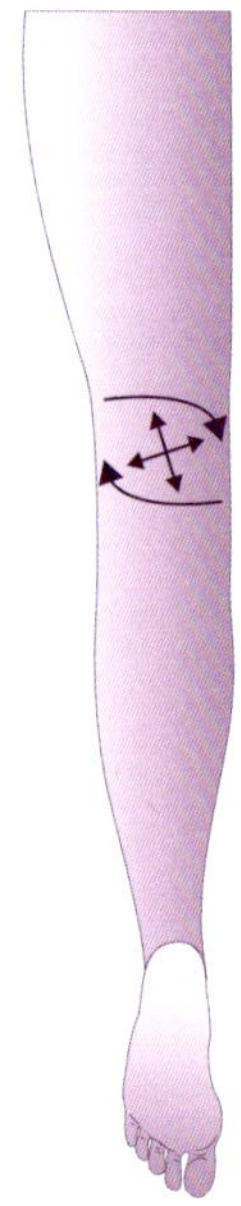

6. 슬와근 문지르기
① 원 그리며 엄지로 문지르기
② 지그재그를 엄지로 문지르기

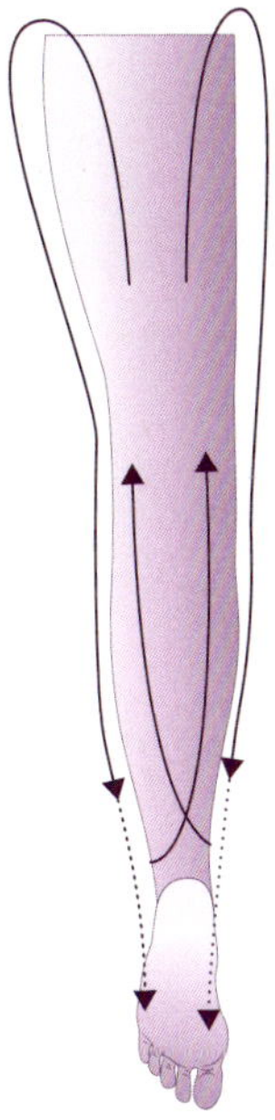	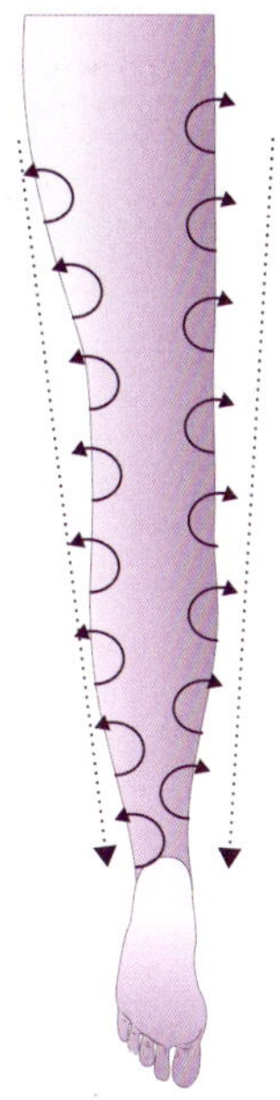	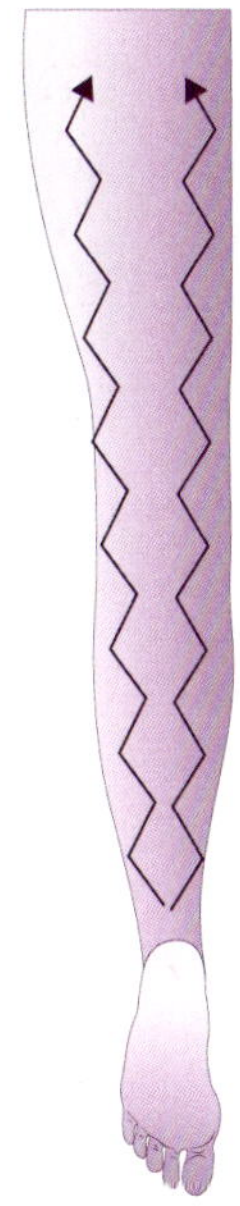
7. 애플라지	8. 문지르기(안쪽, 바깥쪽) 한 손씩 원을 그리며 문지르기	9. 바이브레이션 (양손으로 위로가면서 진동)
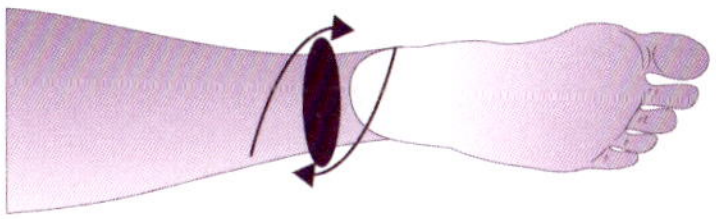	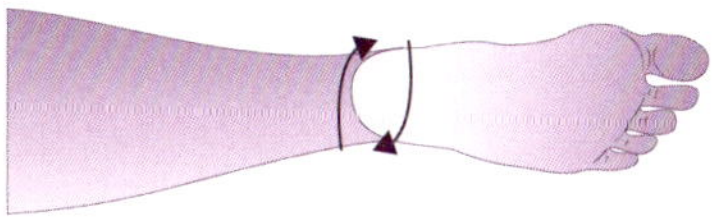	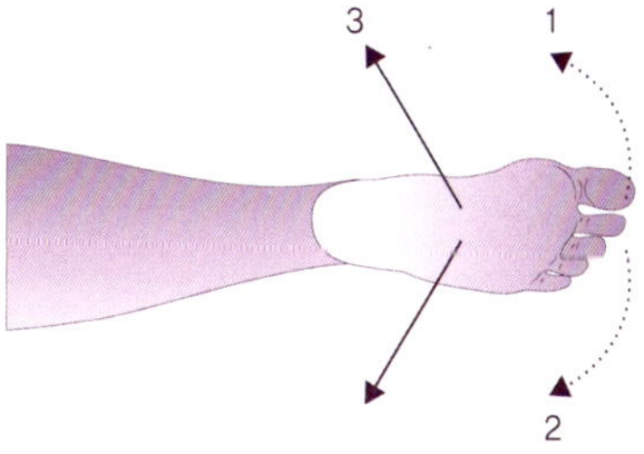
10. 아킬레스건 마찰(발 직각) 2지 부분으로 문지른다.	11. 발꿈치 마찰(발 직각)을 모지구로 문지른다.	12. 발 직각 ① 인버전:발등 위로 ② 이버전:발등 아래로 ③ 좌우 트위스팅

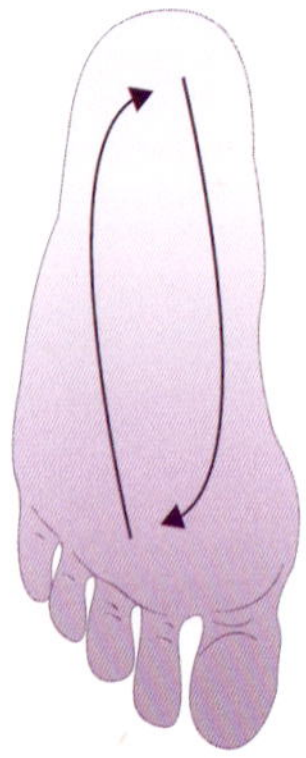	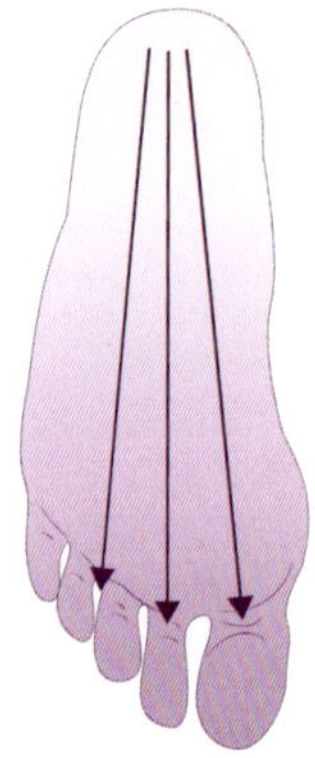	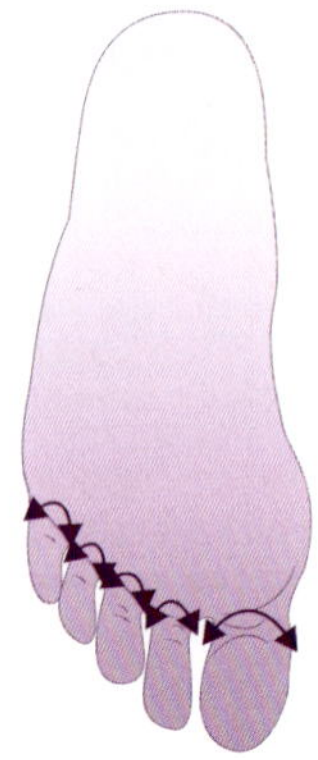
13. 플래타건 마찰(주먹 쥐고) 발바닥 주먹쥐고 마찰	14. 발바닥 미끌어짐 ① 양손엄지로 발바닥을 깊게 마찰 ② 발꿈치→발가락으로 3등분	5. 발가락 마찰 엄지로 발가락을 마찰한다.
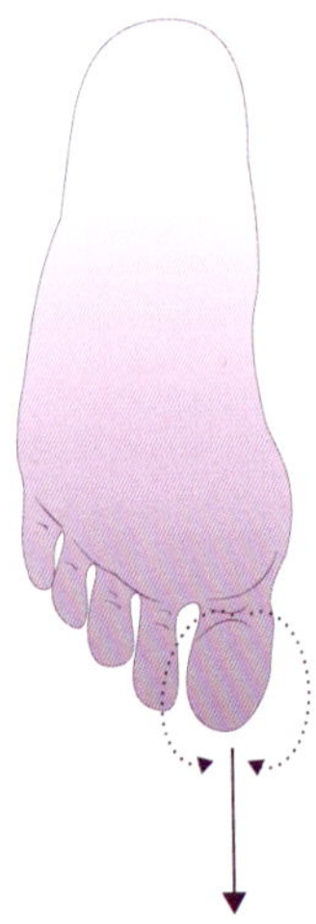	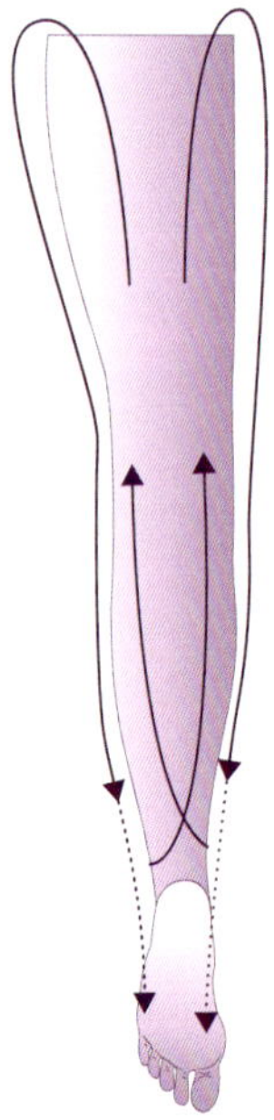	
16. 발가락 회전 ① 발가락 잡아당기고 ② 오른쪽 · 왼쪽 각 3회전	17. 애플라지로 마무리	

[발·다리 관리하기 작업과정 실습보고서 작성]

[실습 수행평가표]

발·다리 후면관리하기(1201010242_20v6.3)

실습자명 :

영역	평가내용	평가				
		5	4	3	2	1
실습자	피부미용사의 위생상태, 복장, 용모, 청결 상태는?					
	모든 과정을 철저하게 위생적으로 시행했나?					
	각 제품의 주요성분과 관리목적을 파악했나?					
	피부유형에 따른 제품선택이 적합한가?					
	고객에게 과정을 미리 설명하고 주의사항을 파악했나?					
	고객의 금속액세서리가 제거되었나?					
수행준거3.1	고객의 발, 다리 후면 피부를 파악하여 금기해야 할 관리를 피할 수 있다.					
수행준거3.2	발과 다리 후면 피부유형에 맞는 제품을 선택할 수 있다.					
수행준거3.3	발과 다리 후면의 상태를 파악하고 목적에 맞는 매뉴얼 테크닉을 구사할 수 있다.					
수행준거3.4	시간, 속도, 리듬, 밀착, 세기를 고려하여 발, 다리 매뉴얼 테크닉을 구사할 수 있다.					
태도	고객을 편안하고 안정적으로 배려하는 태도					
	신체부위 노출을 삼가려는 배려심 있는 태도					
	고객의 반응을 살피려는 객관적 태도					
기술	쓸어서 펴 바르기 능력					
	밀착하여 펴 바르기 능력					
	어루만져 펴 바르기 능력					
	토닥토닥 펴 바르기 능력					
	떨며 펴 바르기 능력					

평가일		고객명	
평가자			

Chapter 11

몸매 팩·마스크하기

Chapter 11

1. 몸매 피부유형에 따른 팩과 마스크종류 선택
2. 제품 성질에 맞게 팩과 마스크 사용
3. 관리 후 팩과 마스크를 안전하게 제거하기

[몸매 팩·마스크하기 작업과정 실습보고서 작성]
[실습 수행평가표]

Chapter 11 몸매 팩·마스크하기

1. 몸매 피부유형에 따른 팩과 마스크 종류 선택

① 몸매 팩과 마스크의 경우 피부유형에 따른 마스크와 팩을 선택하여 실시한다.

② 셀룰라이트 분해관리의 경우 순환정체에 따른 독소가 쌓여 있으므로, 독소배농 효과가 있는 팩을 선택하여 사용하여야 한다.

③ 튼살이 있는 피부유형은 각질을 제거하고 수분을 공급하여 주는 팩과 마스크를 선택하여 사용한다.

④ 비만형 몸매관리 피부유형은 지방분해 효과와 순환촉진 효과가 있는 팩과 마스크를 선택하여 사용한다.

⑤ 건조한 몸매 피부유형은 충분한 보습과 유분을 유지하는데 도움이 되는 팩과 마스크를 선택하여 사용한다.

⑥ 탄력이 부족한 몸매 피부유형은 탄력강화 성분이 함유된 팩과 마스크를 선택하여 사용한다.

2. 제품 성질에 맞게 팩과 마스크 사용

(1) 파라핀 팩

① 파라핀 팩과 마스크의 경우는 온열을 이용한 발한력을 높여주는 팩으로 혈액순환 및 림프순환을 돕는다.

② 몸매관리 시 플라스틱 필름으로 보온하고, 효과를 높이기 위한 열기구를 추가적으로 사용할 수 있다.

③ 노폐물 배출을 용이하게 해준다.

④ 보습효과가 뛰어나 거칠어진 피부에 효과적이다.

⑤ 열 보존력이 높아 차가운 상태에 효과적이다.
⑥ 관절, 인대 등 연결조직에 이상이 있을 때 효과가 있다.
⑦ 피부의 피로회복 효과가 있다.
⑧ 피부의 세포재생능력을 강화시킨다.

(2) 해초 팩

① 해초를 이용한 바디 팩은 풍부한 미네랄이 함유되어 있으며 비타민류를 피부에 공급하는데 도움이 된다.
② 몸매에 팩 도포 후 팩 효과를 높이기 위한 방법으로 랩핑이나 전열 장판 등을 이용하기도 한다.

(3) 진흙 팩

카올린이나 벤토나이트 등의 진흙을 이용한 전신 팩으로 피부청정 효과가 있으며, 아로마 오일을 같이 사용하여 상승효과를 얻을 수 있다.

(4) 석고 팩

온열 석고 팩을 몸매관리에 사용할 경우 부분 슬리밍 효과를 볼 수 있으며, 더불이 셀룰라이트 관리에서도 효과적이다.

(5) 전신 모이스처 팩

피부에 수분공급을 통하여 함수량을 증가시키며, 건조하고 메마른 피부를 촉촉하게 유지시키는 효과가 있다.

3. 관리 후 팩과 마스크 안전하게 제거

① 팩과 마스크 도포 후 일정시간이 지나면 안전하게 제거한다.
② 피부에 여분의 제품이 남아있지 않도록 깨끗이 제거한다.
③ 팩과 마스크 별로 올바른 제거 방법에 맞추어 제거한다.

[몸매 팩·마스크하기 작업과정 실습보고서 작성]

[실습 수행평가표]

몸매 팩·마스크하기(1201010220_20v6.1)

실습자명 :

영역	평가내용	평가				
		5	4	3	2	1
실습자	피부미용사의 위생상태, 복장, 용모, 청결 상태는?					
	모든 과정을 철저하게 위생적으로 시행했나?					
	각 제품의 주요성분과 관리목적을 파악했나?					
	피부유형에 따른 제품선택이 적합한가?					
	고객에게 과정을 미리 설명하고 주의사항을 파악했나?					
	고객의 금속액세서리가 제거되었나?					
수행준거1.1	몸매 피부유형에 따른 팩과 마스크 종류를 선택할 수 있다.					
수행준거1.2	제품성질에 맞게 팩과 마스크를 사용할 수 있다.					
수행준거1.3	관리 후 팩과 마스크를 안전하게 제거할 수 있다.					
태도	고객을 편안하고 안정적으로 배려하는 태도					
	고객의 반응을 살피려는 객관적 태도					
기술	팩과 마스크 선택 능력					
	팩과 마스크 사용 능력					
	팩과 마스크 도포 능력					
	팩과 마스크 제거 능력					

평가일		고객명	
평가자			

Chapter 12

몸매관리 마무리하기

1. 몸매관리가 끝난 후 토닉으로 피부정리
2. 고객의 몸매 피부유형에 따른 기초화장품류 선택
3. 해당 부위에 맞는 제품을 선택 후 특성에 따라 적용
4. 피부손질이 끝난 후 몸매를 가볍게 이완하기

[몸매관리 마무리하기 작업과정 실습보고서 작성]

[실습 수행평가표]

Chapter 12

Management Body

Chapter 12 몸매관리 마무리하기

1. 몸매관리가 끝난 후 토닉으로 피부정리

① 몸매 팩과 마스크를 제거한 후 여분이 남았는지 확인한다.
② 팩과 마스크를 제거한 부위를 해면과 습포를 이용하여 닦아낸다.
③ 닦아낸 부위에 피부 타입에 맞는 토닉을 선택하여 정리하여 준다.

2. 고객의 몸매 피부유형에 따른 기초화장품류 선택

① 피부유형에 맞는 기초화장품류를 선택한다.
② 바디 로션이나 바디크림, 바디오일, 바디 에센스 등 고객의 선호도에 따라 화장품류를 선택한다.
③ 기초화장품류 선택 시, 고객의 선호도와 고객의 피부상태, 계절적 요인 등을 판단하여 선택한다.

3. 해당 부위에 맞는 제품을 선택 후 특성에 따라 적용

① 몸매관리의 경우 노출이 없는 부위는 고객의 선호도에 따른 제품을 선정하여 특성에 따라 도포한다.
② 의복으로 감싸지 않고 노출되는 경우 낮과 저녁의 경우를 구분하여 도포 시 고려한다.
③ 여름철의 경우 감광성 함유 제품은 노출부위에 도포를 자제한다.
④ 비만, 셀룰라이트 부위의 경우 마무리 제품도 효과를 지속시킬 수 있는 제품으로 선정한다.

⑤ 가슴부위의 경우 관리 효과를 지속시킬 수 있는 제품으로 선정한다.
⑥ 발, 다리 관리의 경우 가벼운 다리 상태를 유지시키는데 도움이 되는 제품으로 선정한다.

4. 피부손질이 끝난 후 몸매를 가볍게 이완하기

① 고객의 머리위에서 양 엄지를 고객의 귀 위쪽에 두고 가볍게 문지르기 한다.
② 한 손은 목뒤에 다른 손은 고객의 이마에 대고 가볍게 누르기를 한다.
③ 고객의 머리를 45°로 돌린 후 부분을 감싸고 가볍게 누르기를 한다. 반대쪽 방향도 수행한다.
④ 고객의 양쪽 어깨 윗 부분을 지그시 누르기 동작을 한 후 고객의 팔을 상완에서 하완까지 누르기 동작으로 내려간다.
⑤ 고객의 양쪽 팔목을 잡고, 머리 위 방향으로 가벼운 스트레칭 동작으로 잡아당긴다.
⑥ 고객의 발로 내려가서 고객의 발끝을 잡고 고객의 발목부위를 가볍게 밀고 당기기를 한다.

[몸매관리 마무리하기 작업과정 실습보고서 작성]

[실습 수행평가표]

몸매관리 마무리하기(1201010220_20v6.2)

실습자명 :

영역	평가내용	평가				
		5	4	3	2	1
실습자	피부미용사의 위생상태, 복장, 용모, 청결 상태는?					
	모든 과정을 철저하게 위생적으로 시행했나?					
	각 제품의 주요성분과 관리목적을 파악했나?					
	피부유형에 따른 제품선택이 적합한가?					
	고객에게 과정을 미리 설명하고 주의사항을 파악했나?					
	고객의 금속액세서리가 제거되었나?					
수행준거2.1	몸매관리가 끝난 후 토닉으로 피부정리를 할 수 있다.					
수행준거2.2	고객의 몸매 피부유형에 따른 기초화장품류를 선택할 수 있다.					
수행준거2.3	해당부위에 맞는 제품을 선택 후 특성에 따라 적용할 수 있다.					
수행준거2.4	피부손질이 끝난 후 몸매를 가볍게 이완할 수 있다.					
태도	고객의 선호도에 따른 화장품의 사용량을 조절하려는 태도					
	잔여물이 남지 않도록 노력하려는 적극적 태도					
기술	제품을 바르는 능력					
	피부조직 이완 능력					
	습포 사용 능력					

평가일		고객명	
평가자			

몸매관리 관련 NCS 학습모듈 능력단위(2021년)

분류번호	1201010215_20v6
능력단위 명칭	피부미용 몸매분석
능력단위 정의	피부미용 몸매분석이란 문진 · 견진 · 촉진을 통해 고객의 몸매를 파악한 후 분석표를 작성하여 관리 프로그램을 준비하는 능력이다.

능 력 단 위 요 소	수 행 준 거	
1201010215_20v6.1 몸매파악하기	1.1	고객의 현재 몸매상태를 육안으로 파악할 수 있다.
	1.2	문진, 견진, 촉진을 통해 선천적 몸매와 잘못된 습관에 이해 만들어진 몸매를 구분할 수 있다.
	1.3	몸매 문제점을 파악하고 몸매의 특징을 분류할 수 있다.
	1.4	몸매관리 목적에 맞는 피부미용기기와 기구 및 제품을 선택할 수 있다.
	지식	해부생리학
		피부관리학
		피부미용기기학
	기술	신체구조 및 장단점을 파악하는 능력
		부위별 몸매에 대한 분류 능력
	태도	고객의 심리적 안정감을 주려는 태도
		위생적으로 고객을 배려하려는 태도

능 력 단 위 요 소	수 행 준 거	
1201010215_20v6.2 몸매분석표 작성하기	2.1	문제된 몸매를 파악한 후 분석표를 작성할 수 있다.
	2.2	몸매부위의 사이즈를 잰 후 분석표를 작성할 수 있다.
	2.3	분석표 결과에 따라 평가하고 몸매별로 구분할 수 있다.
	2.4	몸매분석카드를 작성 후 관리 프로그램을 계획할 수 있다.
	지식	몸매분석카드 작성
		인체구조와 생리학
		관리프로그램 작성
	기술	몸매관리 계획 수립 능력
		분석결과에 따른 몸매구분 능력
	태도	위생적으로 고객을 배려하려는 태도
		고객의 반응을 살피려는 객관적 태도

1. 적용범위 및 작업상황

1) 고려사항

① 이 능력단위는 몸매상태를 파악하고 파악한 결과를 몸매분석카드 작성을 수행하는 직무에 적용한다.

② 이 능력단위의 몸매파악이란 현재 신체부위를 파악하여 문제점 분석을 하고 몸매를 분류하여 몸매관리에 적용하는 것이다.

③ 이 능력단위의 피부미용기기, 사용기구, 사용용품은 관련법규에 따라 위생적으로 처리 후 사용하거나 관리하는 것을 말한다.

④ 피부미용 기기 및 기구란 의료기기 및 의약품에 저촉되지 않는 범위의 기기 및 기구를 피부미용의 목적으로 활용하는 것을 말한다.

⑤ 관리 프로그램이란 몸매 상태를 파악하고 작성한 분석카드를 바탕으로 적절한 피부미용 작업을 실시하기 위한 계획서를 의미한다.

2) 자료 및 관련 서류

① 제품 안내 책자

② 피부미용 기기 사용 설명서

③ 사용 제품 설명서

④ 관련 참고 도서

⑤ 화장품이나 피부미용 전문잡지 및 신문

⑥ 인터넷을 통한 전문 채널
⑦ 비디오, DVD 등의 시청각 자료

3) 장비 및 도구

① 컴퓨터 및 주변기기
② 피부미용기기 및 기구
③ 체중계
④ 줄자

4) 재료

① 몸매분석카드

2. 평가지침

1) 평가방법

① 평가자는 능력단위 피부미용 몸매분석의 수행준거에 제시되어 있는 내용을 평가하기 위해 이론과 실기를 나누어 평가하거나 종합적인 결과물의 평가 등 다양한 평가 방법을 사용할 수 있다.

② 피평가자의 과정평가 및 결과평가 방법

평 가 방 법	평 가 유 형	
	과 정 평 가	결 과 평 가
A.포트폴리오		
B.문제해결 시나리오		
C.서술형시험		
D.논술형시험		
E.사례연구		
F.평가자 질문		
G.평가자 체크리스트	✓	✓
H.피평가자 체크리스트	✓	✓
I.일지/저널		
J.역할연기		
K.구두발표		

평가방법	평가유형	
	과정평가	결과평가
L.작업장평가	✓	✓
M.기타		

2) 평가 시 고려사항

① 수행준거에 제시되어 있는 내용을 성공적으로 수행할 수 있는지를 평가해야 한다.

② 평가자는 다음 사항을 평가해야 한다.

- 고객이 편안하고 안정될 수 있는 분위기 조성 능력
- 몸매형태를 파악하고 측정할 수 있는 능력
- 각 제품의 주요 성분과 관리 목적 파악 능력
- 문진, 견진, 촉진을 통해서 피부를 관찰할 수 있는 능력
- 모든 과정을 철저하게 위생적으로 시행했는지 파악 능력

3. 직업기초능력

순번	직업기초능력	
	주요영역	하위영역
1	의사소통능력	경청 능력, 문서이해 능력, 문서작성 능력, 의사표현 능력
2	수리능력	기초연산 능력
3	문제해결능력	문제처리 능력, 사고력
4	자기개발능력	경력개발 능력, 자기관리 능력
5	자원관리능력	물적자원관리 능력, 시간자원관리 능력
6	대인관계능력	갈등관리 능력, 고객서비스 능력, 팀웍 능력
7	정보능력	컴퓨터활용 능력
8	기술능력	기술선택 능력, 기술이해 능력
9	직업윤리	공동체윤리, 근로윤리

4. 개발·개선 이력

구 분		내 용
직무명칭(능력단위명)		피부미용(피부미용 몸매분석)
분류번호	기존	1201010215_19v5
	현재	1201010215_20v6
개발 · 개선연도	현재	2020
	4차	2019
	3차	2017
	2차	2016
	최초(1차)	2014
버전번호		v6
개발 · 개선기관	현재	한국산업인력공단
	4차	한국산업인력공단
	3차	사단법인 한국피부미용사회중앙회
	2차	사단법인 한국피부미용사회중앙회
	최초(1차)	
향후 부완 연도(예정)		2022년

분류번호	1201010216_19v5
능력단위 명칭	피부미용 몸매각질관리
능력단위 정의	피부미용 몸매각질관리는 몸매 각 부위의 땀이나 먼지를 닦아내고 딥클렌징 함으로써 묵은 각질과 모공 속에 남아있는 노폐물을 제거하는 능력이다.

능력단위요소	수행준거	
1201010216_19v5.1 몸매 클렌징하기	1.1	몸매부위별 피부유형에 따라 클렌징 방법과 제품을 선택할 수 있다.
	1.2	몸매피부유형에 맞는 제품과 테크닉으로 클렌징 할 수 있다.
	1.3	온습포 또는 경우에 따라 냉습포로 닦아내고 토닉으로 정리할 수 있다.
	지식	화장품학
		피부관리학
		공중위생관리법
	기술	클렌징 테크닉 능력
		위생관리 능력
		습포사용 능력
	태도	고객이 편안히 이완할 수 있도록 배려하려는 태도
		위생적으로 고객을 배려하려는 태도
		고객의 반응을 살피려는 객관적 태도
1201010216_19v5.2 몸매 딥클렌징하기	2.1	몸매 피부 유형별 딥클렌징 제품을 선택할 수 있다
	2.2	딥클렌징 제품의 특성에 따라 몸매 피부 유형에 맞게 적용하여 사용할 수 있다.
	2.3	몸매 딥클렌징에 적절한 피부미용기기 · 기구를 활용할 수 있다.
	지식	피부미용기기학
		공중위생관리법
		피부의 구조와 생리학
		화장품학
		피부관리학

	기술	몸매 피부유형에 따른 딥클렌징 제품 선택 능력
		물리적 · 화학적방법 적용 능력
		피부미용기기 · 기구 활용 능력
	태도	고객이 편안히 이완할 수 있도록 배려하려는 태도
		위생적으로 고객을 배려하려는 적극적 태도
		고객의 반응을 살피려는 객관적 태도

1. 적용범위 및 작업상황

1) 고려사항

① 이 능력단위는 몸매 부위별 클렌징, 딥클렌징을 수행하는 직무에 적용한다.
② 이 능력단위의 딥클렌징이란 물리적·화학적 방법을 활용하여 적용한다.
③ 피부미용 기기 및 기구란 의료기기 및 의약품에 저촉되지 않는 범위의 기기 및 기구를 피부미용의 목적으로 활용하는 것을 말한다.

2) 자료 및 관련 서류

① 제품 안내 책자
② 피부미용 기기 사용 설명서
③ 사용 제품 설명서
④ 관련 참고 도서
⑤ 화장품이나 피부미용 전문잡지 및 신문
⑥ 인터넷을 통한 전문 채널
⑦ 비디오, DVD 등의 시청각 자료

3) 장비 및 도구

① 피부관리용 베드
② 피부관리용 의자
③ 피부관리용 웨건
④ 온장고
⑤ 자외선 소독기
⑥ 피부미용기기 및 기구

4) 재료

① 피부미용에 사용되는 기초화장품류
② 딥클렌징 제(효소, 스크럽, AHA, 고마쥐 타입)
③ 클렌징 제품
④ 온습포
⑤ 냉습포
⑥ 피부관리 관련 제품

2. 평가지침

1) 평가방법

① 평가자는 능력단위 피부미용 몸매각질관리의 수행준거에 제시되어 있는 내용을 평가하기 위해 이론과 실기를 나누어 평가하거나 종합적인 결과물의 평가 등 다양한 평가 방법을 사용할 수 있다.

② 피평가자의 과정평가 및 결과평가 방법

평 가 방 법	평 가 유 형	
	과 정 평 가	결 과 평 가
A.포트폴리오		
B.문제해결 시나리오		
C.서술형시험		
D.논술형시험		
E.사례연구		
F.평가자 질문		
G.평가자 체크리스트	✓	✓
H.피평가자 체크리스트	✓	✓
I.일지/저널		
J.역할연기		
K.구두발표		
L.작업장평가	✓	✓
M.기타		

2) 평가 시 고려사항

① 수행준거에 제시되어 있는 내용을 성공적으로 수행할 수 있는지를 평가해야 한다.
② 평가자는 다음 사항을 평가해야 한다.

- 고객이 편안하고 안정될 수 있는 분위기 조성 능력
- 각 제품의 주요 성분과 관리 목적 파악 능력
- 모든 과정을 철저하게 위생적으로 시행했는지 파악 능력
- 딥클렌징의 목적 파악 능력

3. 직업기초능력

순번	직업기초능력	
	주요영역	하위영역
1	의사소통능력	경청 능력, 문서이해 능력, 문서작성 능력, 의사표현 능력
2	수리능력	기초연산 능력
3	문제해결능력	문제처리 능력, 사고력
4	자기개발능력	경력개발 능력, 자기관리 능력
5	자원관리능력	물적자원관리 능력, 시간자원관리 능력
6	대인관계능력	갈등관리 능력, 고객서비스 능력, 팀웍 능력
7	정보능력	컴퓨터활용 능력
8	기술능력	기술선택 능력, 기술이해 능력
9	직업윤리	공동체윤리, 근로윤리

4. 개발·개선 이력

구분		내용
직무명칭(능력단위명)		피부미용(피부미용 몸매각질관리)
분류번호	기존	1201010216_19v5
	현재	1201010216_19v5
개발 · 개선연도	현재	2019
버전번호		v5
개발 · 개선기관	현재	한국산업인력공단
향후 보완 연도(예정)		2022년

분류번호	1201010220_20v6
능력단위 명칭	피부미용 몸매 팩 · 마스크
능력단위 정의	피부미용 몸매 팩 · 마스크는 몸매 신체 각 부위의 피부에 적합한 팩과 마스크를 통하여 외부 공기를 차단시켜 노폐물을 제거하고 영양물질을 흡수시켜 주어 청결하고 위생적으로 마무리를 하는 능력이다.

능 력 단 위 요 소	수 행 준 거	
1201010220_20v6.1 몸매 팩 · 마스크하기	1.1	몸매 피부유형에 따른 팩과 마스크 종류를 선택할 수 있다.
	1.2	제품성질에 맞게 팩과 마스크를 사용할 수 있다.
	1.3	관리 후 팩과 마스크를 안전하게 제거할 수 있다.
	지식	공중위생관리법
		화장품학
		피부구조와 생리학
	기술	팩과 마스크 선택 능력
		팩과 마스크 사용 능력
		팩과 마스크 도포 능력
		팩과 마스크 제거 능력
	태도	고객을 편안하고 안정적으로 배려하는 태도
		고객의 반응을 살피려는 객관적 태도
1201010220_20v6.2 몸매관리 마무리하기	2.1	몸매관리가 끝난 후 토닉으로 피부정리를 할 수 있다.
	2.2	고객의 몸매 피부유형에 따른 기초화장품류를 선택할 수 있다.
	2.3	해당 부위에 맞는 제품을 선택 후 특성에 따라 적용할 수 있다.
	2.4	피부손질이 끝난 후 몸매를 가볍게 이완할 수 있다.
	지식	화장품학
		피부관리학
		피부구조와 생리학
	기술	제품 바르는 능력
		피부조직 이완 능력
		습포 사용 능력
	태도	고객의 선호도에 따른 화장품의 사용량을 조절하려는 태도
		잔여물이 남지 않도록 노력하려는 적극적 태도

1. 적용범위 및 작업상황

1) 고려사항

① 이 능력단위는 팩·마스크 사용, 마무리 작업의 몸매관리를 수행하는 직무에 적용한다.
② 이 능력단위에서 팩·마스크 하기란 피부유형에 따른 제품을 사용하여 노폐물을 배출시키는 업무를 포함한다.
③ 이 능력단위인 모든 과정을 습포로 위생적으로 닦아내는 것을 포함한다.
④ 피부미용 기기 및 기구란 의료기기 및 의약품에 저촉되지 않는 범위의 기기 및 기구를 피부미용의 목적으로 활용하는 것을 말한다.

2) 자료 및 관련 서류

① 제품 안내 책자
② 피부미용 기기 사용 설명서
③ 사용 제품 설명서
④ 관련 참고 도서
⑤ 화장품이나 피부미용 전문잡지 및 신문
⑥ 인터넷을 통한 진문 채널
⑦ 비디오, DVD 등의 시청각 자료

3) 장비 및 도구

① 피부관리용 베드
② 피부관리용 의자
③ 피부관리용 웨건
④ 온장고
⑤ 자외선 소독기
⑥ 피부미용기기 및 기구
⑦ 피부관리 비품

4) 재료

① 피부미용에 사용되는 기초화장품류
② 온습포
③ 냉습포
④ 팩·마스크
⑤ 피부 관리 관련 제품

2. 평가지침

1) 평가방법

① 평가자는 능력단위 피부미용 몸매 팩·마스크의 수행준거에 제시되어 있는 내용을 평가하기 위해 이론과 실기를 나누어 평가하거나 종합적인 결과물의 평가 등 다양한 평가 방법을 사용할 수 있다.

② 피평가자의 과정평가 및 결과평가 방법

평 가 방 법	평 가 유 형	
	과 정 평 가	결 과 평 가
A.포트폴리오		
B.문제해결 시나리오		
C.서술형시험		
D.논술형시험		
E.사례연구		
F.평가자 질문		
G.평가자 체크리스트	✓	✓
H.피평가자 체크리스트	✓	✓
I.일지/저널		
J.역할연기		
K.구두발표		
L.작업장평가	✓	✓
M.기타		

2) 평가 시 고려사항

① 수행준거에 제시되어 있는 내용을 성공적으로 수행할 수 있는지를 평가해야 한다.

② 평가자는 다음 사항을 평가해야 한다.

- 피부유형과 제품을 선택하는 능력
- 팩, 마스크의 도포 및 제거능력
- 마무리 처리 능력

3. 직업기초능력

순번	직 업 기 초 능 력	
	주 요 영 역	하 위 영 역
1	의사소통능력	경청 능력, 문서이해 능력, 문서작성 능력, 의사표현 능력
2	수리능력	기초연산 능력
3	문제해결능력	문제처리 능력, 사고력
4	자기개발능력	경력개발 능력, 자기관리 능력
5	자원관리능력	물적자원관리 능력, 시간자원관리 능력
6	대인관계능력	갈등관리 능력, 고객서비스 능력, 팀웍 능력
7	정보능력	컴퓨터활용 능력
8	기술능력	기술선택 능력, 기술이해 능력
9	직업윤리	공동체윤리, 근로윤리

4. 개발·개선 이력

구 분		내 용
직무명칭(능력단위명)		피부미용(피부미용 몸매 팩 · 마스크)
분류번호	기존	1201010220_19v5
	현재	1201010220_20v6
개발 · 개선연도	현재	2020
	4차	2019
	3차	2017
	2차	2016
	최초(1차)	2014
버전번호		v6
개발 · 개선기관	현재	한국산업인력공단
	4차	한국산업인력공단
	3차	사단법인 한국피부미용사회중앙회
	2차	사단법인 한국피부미용사회중앙회
	최초(1차)	
향후 보완 연도(예정)		2022년

분류번호	1201010241_20v6
능력단위 명칭	신체 피부미용 전면관리
능력단위 정의	신체 피부미용 전면관리란 매뉴얼테크닉을 활용하여 신체 전면관리를 함으로써 피부탄력을 유지시키고 피부 상태를 개선하기 위한 작업을 수행하는 능력이다.

능력단위요소	수행준거	
1201010241_20v6.1 복부관리하기	1.1	고객의 복부상태에 따른 금기사항을 파악할 수 있다.
	1.2	복부 피부유형에 맞는 제품을 선택할 수 있다.
	1.3	복부의 상태를 파악하고 목적에 맞는 복부 매뉴얼테크닉을 적용할 수 있다.
	1.4	시간, 속도, 리듬, 밀착, 세기를 고려하여 복부 매뉴얼테크닉을 구사할 수 있다.
	지식	피부의 구조와 생리학
		근골격계 · 해부생리학
		공중위생관리법
		피부관리 이론
		화장품학
		피부미용기기학
	기술	쓸어서 펴 바르기(effleurage) 능력
		밀착하여 펴 바르기(friction) 능력
		어루만져 펴 바르기(petrissage) 능력
		토닥토닥 펴 바르기(tapotement) 능력
		떨며 펴 바르기(vibration) 능력
	태도	고객을 편안하고 안정적으로 배려하는 태도
		신체부위 노출을 삼가려는 배려심 있는 태도
		올바른 자세로 관리하려는 의지

능력단위요소	수행준거	
1201010241_20v6.2 가슴관리하기	2.1	고객의 가슴피부를 파악하여 금기해야 할 관리와 유두부위를 피할 수 있다.
	2.2	가슴 피부유형에 맞는 제품을 선택할 수 있다.
	2.3	가슴의 형태를 파악하고 목적에 맞는 매뉴얼 테크닉을 적용할 수 있다.
	2.4	시간, 속도, 리듬, 밀착, 세기를 고려하여 가슴 매뉴얼 테크닉을 구사할 수 있다
	지식	피부의 구조와 생리학
		근골격계 · 해부생리학
		공중위생관리법
		피부관리 이론
		화장품학
		피부미용기기학
	기술	쓸어서 펴 바르기(effleurage) 능력
		밀착하여 펴 바르기(friction) 능력
		어루만져 펴 바르기(petrissage) 능력
		토닥토닥 펴 바르기(tapotement) 능력
		떨며 펴 바르기(vibration) 능력
	태도	고객을 편안하고 안정적으로 배려하는 태도
		신체부위 노출을 삼가려는 배려심 있는 태도
1201010241_20v6.3 손 · 팔관리하기	3.1	손, 팔 피부유형에 맞는 제품을 선택할 수 있다.
	3.2	손, 팔의 상태를 파악하고 목적에 맞는 매뉴얼 테크닉을 구사할 수 있다.
	3.3	시간, 속도, 리듬, 밀착, 강약을 고려하여 손, 팔 매뉴얼 테크닉을 구사할 수 있다.
	3.4	손끝에서 어깨견갑골까지 매뉴얼 테크닉을 적용할 수 있다.
	지식	피부의 구조와 생리학
		근골격계 · 해부생리학
		공중위생관리법
		피부관리 이론

능력단위요소	수행준거	
		화장품학
		피부미용기기학
	기술	쓸어서 펴 바르기(effleurage) 능력
		밀착하여 펴 바르기(friction) 능력
		어루만져 펴 바르기(petrissage) 능력
		토닥토닥 펴 바르기(tapotement) 능력
		떨며 펴 바르기(vibration) 능력
	태도	고객을 편안하고 안정적으로 배려하는 태도
		신체부위 노출을 삼가려는 배려심 있는 태도
1201010241_20v6.4 발, 다리 전면 관리하기	4.1	고객의 발, 다리 전면 피부를 파악하여 금기해야할 관리를 피할 수 있다.
	4.2	발과 다리 전면 피부유형에 맞는 제품을 선택할 수 있다.
	4.3	발과 다리 전면의 상태를 파악하고 목적에 맞는 매뉴얼 테크닉을 적용할 수 있다.
	4.4	시간, 속도, 리듬, 밀착, 강약을 고려하여 발, 다리 매뉴얼 테크닉을 구사할 수 있다.
	지식	피부의 구조와 생리학
		근골격계 · 해부생리학
		공중위생관리법
		피부관리 이론
		화장품학
		피부미용기기학
	기술	쓸어서 펴 바르기(effleurage) 능력
		밀착하여 펴 바르기(friction) 능력
		어루만져 펴 바르기(petrissage) 능력
		토닥토닥 펴 바르기(tapotement) 능력
		떨며 펴 바르기(vibration) 능력
	태도	고객을 편안하고 안정적으로 배려하는 태도
		신체부위 노출을 삼가려는 배려심 있는 태도
		고객의 반응을 살피려는 객관적 태도

1. 적용범위 및 작업상황

1) 고려사항

① 이 능력단위는 몸매분석을 하여 복부와 가슴, 손·팔, 발·다리 전면 관리를 수행하는 직무에 적용한다.

② 이 능력단위의 신체전면관리란 고객의 피부상태를 파악하여 복부와 가슴, 손·팔 관리, 발·다리 전면을 속도, 리듬, 밀착, 강약, 시간 등을 고려하여 5가지 동작인 쓸어서 펴 바르기, 밀착하여 펴 바르기, 어루만져 펴 바르기, 토닥토닥 펴 바르기, 떨며 펴 바르기 등을 적용하여 피부유형에 맞는 제품을 도포·흡수시키고 피부의탄력을 유지시키는 등 피부상태를 개선하기 위해 수행하는 업무를 말한다.

③ 이 능력단위는 피부미용 기기·기구를 적용하여 몸매관리를 수행하는 업무를 포함한다.

④ 이 능력단위는 금기사항을 준수하여 수행하는 업무를 포함한다.

⑤ 피부미용 기기 및 기구란 의료기기 및 의약품에 저촉되지 않는 범위의 기기 및 기구를 피부미용의 목적으로 활용하는 것을 말한다.

2) 자료 및 관련 서류

① 제품 안내 책자
② 피부미용 기기 사용 설명서
③ 사용 제품 설명서
④ 관련 참고 도서
⑤ 화장품이나 피부미용 전문잡지 및 신문
⑥ 인터넷을 통한 전문 채널
⑦ 비디오, DVD 등의 시청각 자료

3) 장비 및 도구

① 피부관리용 베드
② 피부관리용 의자
③ 피부관리용 웨건
④ 피부미용에 사용되는 기본 화장품
⑤ 냉·온 타올
⑥ 온장고
⑦ 자외선 소독기
⑧ 피부미용기기 및 기구
⑨ 피부관리 비품
⑩ 피부관리 제품

4) 재료

① 피부미용에 사용되는 기초화장품류
② 온습포
③ 냉습포
④ 오일·크림

2. 평가지침

1) 평가방법

① 평가자는 능력단위 신체 피부미용 전면관리의 수행준거에 제시되어 있는 내용을 평가하기 위해 이론과 실기를 나누어 평가하거나 종합적인 결과물의 평가 등 다양한 평가 방법을 사용할 수 있다.

② 피평가자의 과정평가 및 결과평가 방법

평 가 방 법	평 가 유 형	
	과 정 평 가	결 과 평 가
A.포트폴리오		
B.문제해결 시나리오		
C.서술형시험		
D.논술형시험		
E.사례연구		
F.평가자 질문		
G.평가자 체크리스트	✓	✓
H.피평가자 체크리스트	✓	✓
I.일지/저널		
J.역할연기		
K.구두발표		
L.작업장평가	✓	✓
M.기타		

2) 평가 시 고려사항

① 수행준거에 제시되어 있는 내용을 성공적으로 수행할 수 있는지를 평가해야 한다.

② 평가자는 다음 사항을 평가해야 한다.

- 매뉴얼 테크닉의 속도감, 리듬감, 밀착감, 강약, 시간이 어떠한지 기술 능력
- 피부유형에 맞는 5가지 매뉴얼 테크닉 기술 능력(쓸어서 펴 바르기, 밀착하여 펴 바르기, 어루만져 펴 바르기, 토닥토닥 펴 바르기, 떨며 펴 바르기)
- 매뉴얼 테크닉 할 때의 주위 환경이 어떠한지 파악 능력
- 매뉴얼 테크닉을 해서는 안 되는 피부상태 파악 능력
- 고객에게 과정을 미리 설명하고 주위사항 파악 능력
- 금속 액세서리는 제거되었는지 파악 능력
- 피부미용기기 상태 파악 능력 및 관리 능력
- 피부미용기기 사용 능력
- 피부유형과 제품을 선택하는 능력

3. 직업기초능력

순번	직 업 기 초 능 력	
	주 요 영 역	하 위 영 역
1	의사소통능력	경청 능력, 문서이해 능력, 문서작성 능력, 의사표현 능력
2	수리능력	기초연산 능력
3	문제해결능력	문제처리 능력, 사고력
4	자기개발능력	경력개발 능력, 자기관리 능력
5	자원관리능력	물적자원관리 능력, 시간자원관리 능력
6	대인관계능력	갈등관리 능력, 고객서비스 능력, 팀웍 능력
7	정보능력	컴퓨터활용 능력
8	기술능력	기술선택 능력, 기술이해 능력
9	직업윤리	공동체윤리, 근로윤리

4. 개발·개선 이력

구 분		내 용
직무명칭(능력단위명)		피부미용(신체 피부미용 전면관리)
분류번호	기존	1201010241_19v5
	현재	1201010241_20v6
개발 · 개선연도	현재	2020
	4차	2019
	3차	2017
	2차	2016
	최초(1차)	2014
버전번호		v6
개발 · 개선기관	현재	한국산업인력공단
	4차	한국산업인력공단
	3차	사단법인 한국피부미용사회중앙회
	2차	사단법인 한국피부미용사회중앙회
	최초(1차)	
향후 보완 연도(예정)		2022년

분류번호	1201010242_20v6
능력단위 명칭	신체 피부미용 후면관리
능력단위 정의	신체 피부미용 후면관리란 매뉴얼 테크닉을 활용하여 신체 후면관리를 함으로써 피부탄력을 유지시키고 피부 상태를 개선하기 위한 작업을 수행하는 능력이다.

능 력 단 위 요 소	수 행 준 거	
1201010242_20v6.1 신체후면관리하기	1.1	신체후면의 피부유형에 맞는 제품을 선택할 수 있다.
	1.2	신체후면의 상태를 파악하고 목적에 맞는 매뉴얼 테크닉을 적용할 수 있다.
	1.3	시간, 속도, 리듬, 밀착, 세기를 고려하여 신체후면 매뉴얼 테크닉을 구사할 수 있다.
	지식	피부의 구조와 생리학
		근골격계 · 해부생리학
		공중위생관리법
		피부관리 이론
		화장품학
		피부미용기기학
	기술	쓸어서 펴 바르기(effleurage) 능력
		밀착하여 펴 바르기(friction) 능력
		어루만져 펴 바르기(petrissage) 능력
		토닥토닥 펴 바르기(tapotement) 능력
		떨며 펴 바르기(vibration) 능력
	태도	고객을 편안하고 안정적으로 배려하는 태도
		신체부위 노출을 삼가려는 배려심 있는 태도
1201010242_20v6.2 둔부관리하기	2.1	둔부상태를 파악할 수 있다.
	2.2	둔부상태와 피부유형에 맞는 제품을 선택할 수 있다.
	2.3	둔부관리 목적에 맞는 매뉴얼 테크닉을 적용할 수 있다.
	2.4	시간, 속도, 리듬, 밀착, 강약을 고려하여 둔부 매뉴얼 테크닉을 구사할 수 있다.
	지식	피부의 구조와 생리학

능력단위요소	수행준거	
1201010242_20v6.2 둔부관리하기		근골격계 · 해부생리학
		공중위생관리법
		피부관리 이론
		화장품학
		피부미용기기학
	기술	쓸어서 펴 바르기(effleurage) 능력
		밀착하여 펴 바르기(friction) 능력
		어루만져 펴 바르기(petrissage) 능력
		토닥토닥 펴 바르기(tapotement) 능력
		떨며 펴 바르기(vibration) 능력
	태도	고객을 편안하고 안정적으로 배려하는 태도
		신체부위 노출을 삼가려는 배려심 있는 태도
1201010242_20v6.3 발 · 다리 후면 관리하기	3.1	고객의 발, 다리 후면 피부를 파악하여 금기해야 할 관리를 피할 수 있다.
	3.2	발과 다리 후면 피부유형에 맞는 제품을 선택할 수 있다.
	3.3	발과 다리 후면의 상태를 파악하고 목적에 맞는 매뉴얼 테크닉을 적용할 수 있다.
	3.4	시간, 속도, 리듬, 밀착, 강약을 고려하여 발, 다리 매뉴얼 테크닉을 구사할 수 있다.
	지식	피부의 구조와 생리학
		근골격계 · 해부생리학
		공중위생관리법
		피부관리 이론
		화장품학
		피부미용기기학
	기술	쓸어서 펴 바르기(effleurage) 능력
		밀착하여 펴 바르기(friction) 능력
		어루만져 펴 바르기(petrissage) 능력
		토닥토닥 펴 바르기(tapotement) 능력
		떨며 펴 바르기(vibration) 능력

능력단위요소	수행준거	
	태도	고객을 편안하고 안정적으로 배려하는 태도
		신체부위 노출을 삼가려는 배려심 있는 태도
		고객의 반응을 살피려는 객관적 태도

1. 적용범위 및 작업상황

1) 고려사항

① 이 능력단위는 몸매분석을 하여 신체후면과 둔부, 발·다리 후면 관리를 수행하는 직무에 적용한다.

② 이 능력단위의 신체후면관리란 고객의 피부상태를 파악하여 신체후면과 둔부, 발·다리 후면을 속도, 리듬, 밀착, 강약, 시간 등을 고려하여 5가지 동작인 쓸어서 펴 바르기, 밀착하여 펴 바르기, 어루만져 펴 바르기, 토닥토닥 펴 바르기, 떨며 펴 바르기 등을 적용하여 피부유형에 맞는 제품을 도포·흡수시키고 피부의 탄력을 유지시키는 등 피부상태를 개선하기 위해 수행하는 업무를 말한다.

③ 이 능력단위는 피부미용 기기를 적용하여 몸매관리를 수행하는 업무를 포함한다.

④ 피부미용 기기 및 기구란 의료기기 및 의약품에 저촉되지 않는 범위의 기기 및 기구를 피부미용의 목적으로 활용하는 것을 말한다.

2) 자료 및 관련 서류

① 제품 안내 책자
② 피부미용 기기 사용 설명서
③ 사용 제품 설명서
④ 관련 참고 도서
⑤ 화장품이나 피부미용 전문잡지 및 신문
⑥ 인터넷을 통한 전문 채널
⑦ 비니오, DVD 등의 시청각 자료

3) 장비 및 도구

① 피부관리용 베드
② 피부관리용 의자
③ 피부관리용 웨건
④ 피부미용에 사용되는 기본 화장품
⑤ 냉·온습포
⑥ 온장고

⑦ 자외선 소독기
⑧ 피부미용기기 및 기구
⑨ 피부관리 비품
⑩ 피부관리 제품

4) 재료

① 피부미용에 사용되는 기초화장품류
② 온습포
③ 냉습포

2. 평가지침

1) 평가방법

① 평가자는 능력단위 신체 피부미용 후면관리의 수행준거에 제시되어 있는 내용을 평가하기 위해 이론과 실기를 나누어 평가하거나 종합적인 결과물의 평가 등 다양한 평가 방법을 사용할 수 있다.

② 피평가자의 과정평가 및 결과평가 방법

평 가 방 법	평 가 유 형	
	과 정 평 가	결 과 평 가
A.포트폴리오		
B.문제해결 시나리오		
C.서술형시험		
D.논술형시험		
E.사례연구		
F.평가자 질문		
G.평가자 체크리스트	✓	✓
H.피평가자 체크리스트	✓	✓
I.일지/저널		
J.역할연기		
K.구두발표		
L.작업장평가	✓	✓
M.기타		

2) 평가 시 고려사항

① 수행준거에 제시되어 있는 내용을 성공적으로 수행할 수 있는지를 평가해야 한다.

② 평가자는 다음 사항을 평가해야 한다.

- 매뉴얼 테크닉의 속도감, 리듬감, 밀착감, 강약, 시간이 어떠한지 기술 능력
- 피부유형에 맞는 5가지 매뉴얼 테크닉 기술 능력(쓸어서 펴 바르기, 밀착하여 펴 바르기, 어루만져 펴 바르기, 토닥토닥 펴 바르기, 떨며 펴 바르기)
- 매뉴얼 테크닉 할 때의 주위 환경이 어떠한지 파악 능력
- 매뉴얼 테크닉을 해서는 안 되는 피부상태 파악 능력
- 고객에게 과정을 미리 설명하고 주위사항 파악 능력
- 금속 액세서리는 제거되었는지 파악 능력
- 피부미용기기 상태 파악 능력 및 관리 능력
- 피부미용기기 사용 능력
- 피부유형과 제품을 선택하는 능력

3. 직업기초능력

순번	직 업 기 초 능 력	
	주 요 영 역	하 위 영 역
1	의사소통능력	경청 능력, 문서이해 능력, 문서작성 능력, 의사표현 능력
2	수리능력	기초연산 능력
3	문제해결능력	문제처리 능력, 사고력
4	자기개발능력	경력개발 능력, 자기관리 능력
5	자원관리능력	물적자원관리 능력, 시간자원관리 능력
6	대인관계능력	갈등관리 능력, 고객서비스 능력, 팀웍 능력
7	정보능력	컴퓨터활용 능력
8	기술능력	기술선택 능력, 기술이해 능력
9	직업윤리	공동체윤리, 근로윤리

4. 개발·개선 이력

구 분		내 용
직무명칭(능력단위명)		피부미용(신체 피부미용 후면관리)
분류번호	기존	1201010242_19v5
	현재	1201010242_20v6
개발 · 개선연도	현재	2020
	4차	2019
	3차	2017
	2차	2016
	최초(1차)	2014
버전번호		v6
개발 · 개선기관	현재	한국산업인력공단
	4차	한국산업인력공단
	3차	사단법인 한국피부미용사회중앙회
	2차	사단법인 한국피부미용사회중앙회
	최초(1차)	
향후 보완 연도(예정)		2022

참고 문헌

- 강수경 외, "베이직 바디 트리트먼트", 청구문화사, 2011.
- 강수경 외, "살롱 에스테틱", 청구문화사, 2011.
- 강신옥·김계숙, "기초 바디 트리트먼트", 훈민사, 2014.
- 김귀정 외, "미용경락", 수문사, 2007
- 김선희 외, "스킨 트리트먼트 매뉴얼", 청구문화사, 2011.
- 김은자 외, "오행미용경락학 이론 및 실기", 청구문화사, 2011.
- 이은우 외, "에센스 아로마테라피", 메디시언, 2014.
- 이은우·최동원, "몸매관리", 메디시언, 2015.
- 정한영 외, "근육 매뉴얼테크닉", 수문사, 2008.
- 홍승정 외, "기초실무 전신피부관리", 광문각, 2010.
- NCS 학습모듈 대분류 12, 중분류 1. 이미용, 소분류 1.이미용서비스, 세분류 02피부미용. 국가직무능력 표준 학습모듈, 2021년.
- https://www.google.com/search?site=&tbm=isch&source

찾아보기

역량강화를 위한

몸매관리 개정판

2015년 12월 22일 초판 발행
2022년 1월 20일 개정판 발행

저 자 이은우 · 최윤정 · 김혜주 · 송미경
신수정 · 오수정 · 이태엽 · 한현주

발행인 주병오 · 주민기

발행처 메디시인

주 소 경기도 파주시 회동길 209
파주출판문화도시

영업팀 (031) 955－7566 · 7577

편집디자인팀 (031) 955－7731

F A X (031) 955－7730

홈페이지 www.ji-gu.co.kr

전자우편 jigupub@hanmail.net

등록번호 2005년 2월 16일 제 406－2005－000045호

ISBN 979-11-90839-48-8 값 20,000원